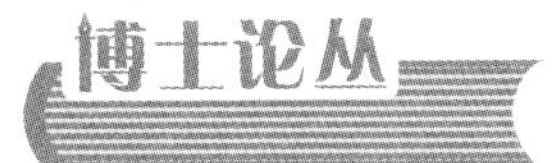

魏雨夕　罗小蓉　魏　杰 / 著

新型高压低功耗氧化镓功率器件机理与实验研究

Mechanism and Experimental Study of Novel High-Voltage and Low-Loss Gallium Oxide Power Devices

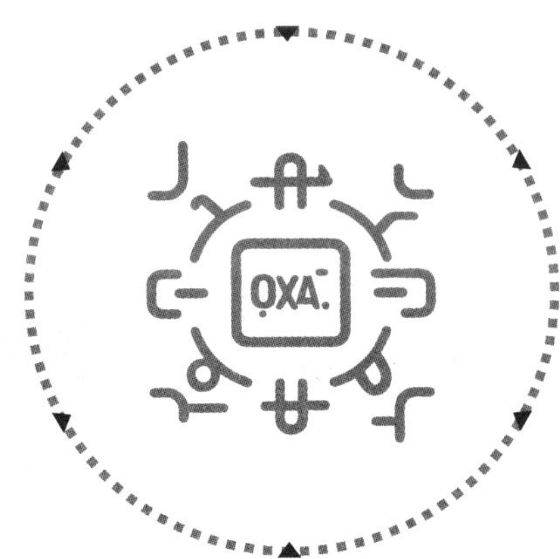

· 成都 ·

图书在版编目(CIP)数据

新型高压低功耗氧化镓功率器件机理与实验研究 / 魏雨夕，罗小蓉，魏杰著. -- 成都 : 成都电子科大出版社，2025. 4. -- ISBN 978-7-5770-1546-0

Ⅰ. TN303

中国国家版本馆CIP数据核字第2025UW5622号

新型高压低功耗氧化镓功率器件机理与实验研究

XINXING GAOYA DIGONGHAO YANGHUAJIA GONGLÜ QIJIAN JILI YU SHIYAN YANJIU

魏雨夕　罗小蓉　魏　杰　著

出 品 人　田　江
策划统筹　杜　倩
策划编辑　谢晓辉
责任编辑　谢晓辉
责任设计　李　倩　谢晓辉
责任校对　汤云辉
责任印制　梁　硕

出版发行　电子科技大学出版社
　　　　　成都市一环路东一段159号电子信息产业大厦九楼　邮编 610051
主　　页　www.uestcp.com.cn
服务电话　028-83203399
邮购电话　028-83201495

印　　刷　成都久之印刷有限公司
成品尺寸　170 mm×240 mm
印　　张　10
字　　数　154千字
版　　次　2025年4月第1版
印　　次　2025年4月第1次印刷
书　　号　ISBN 978-7-5770-1546-0
定　　价　66.00元

FOREWORD

当前，我们正置身于一个前所未有的变革时代，新一轮科技革命和产业变革深入发展，科技的迅猛发展如同破晓的曙光，照亮了人类前行的道路。科技创新已经成为国际战略博弈的主要战场。习近平总书记深刻指出：“加快实现高水平科技自立自强，是推动高质量发展的必由之路。”这一重要论断，不仅为我国科技事业发展指明了方向，也激励着每一位科技工作者勇攀高峰、不断前行。

博士研究生教育是国民教育的最高层次，在人才培养和科学研究中发挥着举足轻重的作用，是国家科技创新体系的重要支撑。博士研究生是学科建设和发展的生力军，他们通过深入研究和探索，不断推动学科理论和技术进步。博士论文则是博士学术水平的重要标志性成果，反映了博士研究生的培养水平，具有显著的创新性和前沿性。

由电子科技大学出版社推出的“博士论丛”图书，汇集多学科精英之作，其中《基于时间反演电磁成像的无源互调源定位方法研究》等28篇佳作荣获中国电子学会、中国光学工程学会、中国仪器仪表学会等国家级学会以及电子科技大学的优秀博士论文的殊誉。这些著作理论创新与实践突破并重，微观探秘与宏观解析交织，不仅拓宽了认知边界，也为相关科学技术难题提供了新解。“博士论丛”的出版必将促进优秀学术成果的传播与交流，为创新型人才的培养提供支撑，进一步推动博士教育迈向新高。

青年是国家的未来和民族的希望，青年科技工作者是科技创新的生力军和中坚力量。我也是从一名青年科技工作者成长起来的，希望“博士论丛”的青年学者们再接再厉。我愿此论丛成为青年学者心中之光，照亮科研之路，激励后辈勇攀高峰，为加快建成科技强国贡献力量！

中国工程院院士

2024年12月

前　言

PREFACE

β相氧化镓（β-Ga_2O_3）具有优异的材料性能，如超宽禁带（4.5～4.9 eV）和高临界电场强度（8 MV/cm）。因此，β-Ga_2O_3基功率器件的Baliga优值在理论上分别约为GaN和SiC的4倍和10倍，有助于在相同击穿电压（breakdown voltage，*BV*）下实现更低的损耗和更小的尺寸。因而，β-Ga_2O_3器件适用于高功率和低损耗应用。目前，对β-Ga_2O_3功率器件的研究大多集中在高*BV*和低比导通电阻（specific on-resistance，$R_{on,sp}$）；同时，二极管的低开启电压（turn-on voltage，V_{on}）和晶体管的高阈值电压（threshold voltage，V_{th}）也很重要。

然而，目前的研究仍存在以下三方面的关键问题需要解决。

① β-Ga_2O_3器件的*BV*远低于理论值，这是由于缺乏P型β-Ga_2O_3，导致难以采用常规结终端技术改善*BV*。

② β-Ga_2O_3热导率低，且当前研究主要集中在通过小尺寸器件探索缓解电场集中现象的方法，但对大尺寸的大功率β-Ga_2O_3器件及其热稳定性的研究较少。

③ 在β-Ga_2O_3功率器件中引入Fin沟道可以抑制泄漏电流并提高*BV*，但这不可避免地导致Fin二极管的V_{on}大、FinFET的反向导通电压大以及导通损耗高。

针对上述问题，本书开展了系列大功率低功耗β-Ga_2O_3功率器件创新研究。

1. 具有新型复合终端（compound termination，CT）的大功率β-Ga_2O_3肖特基势垒二极管（Schottky barrier diode，SBD）机理与实验研究

本书提出了一种具有超快反向恢复速度且提升*BV*的β-Ga_2O_3 SBD并进

行了实验研究。新器件的结构特征CT由空气空间场板（air space field plate，ASFP）和热氧化终端组成。CT不仅降低介质/β-Ga_2O_3界面的高密度界面态和热氧化终端区域的电子浓度，而且调制阳极底部的电场分布并抑制峰值电场。因此，抑制反向泄漏电流，且有效改善反向恢复和击穿特性。直径1000 μm的CT SBD的BV = 400 V，比无ASFP结构器件的BV提高了176%。在di/dt = 50 A/μs条件下，测得CT SBD样品获得了几乎不随温度变化的超低反向恢复时间T_{rr} = 7.5 ns和电荷Q_{rr} = 1.0 nC，且具有良好的整流特性。实验表明，CT SBD在高功率和高频应用具有很大潜力。

2. 大功率β-Ga_2O_3纵向二极管机理及可靠性实验研究

本书提出大功率β-Ga_2O_3器件的高耐压设计技术，研制新型β-Ga_2O_3/NiO异质结势垒肖特基二极管（junction barrier Schottky diode，JBSD），以及具有表面电荷调控能力的新型降低表面场（reduced surface field，RESURF）SBD。所制备的大功率JBSD和RESURF SBD样品在实现高耐压、大电流的同时兼具低反向泄漏电流。长时间应力测试结果展示出其优良的热稳定性，说明β-Ga_2O_3功率二极管具有在高温条件下工作的巨大潜力。

新型JBSD兼具SBD正向导通电压小和PN结二极管反向泄漏电流小的优点。对于阳极面积为9 mm^2 / 16 mm^2的JBSD，其BV和$R_{on,sp}$分别为550 V / 500 V和11 mΩ·cm^2 / 15 mΩ·cm^2，在正向偏压为10 V时的正向输出电流高达51 A/88 A。长期高温应力前后，16 mm^2的JBSD的电容-电压（capacitance-voltage，C-V）曲线和正向电流-电压（current-voltage，I-V）曲线基本重合，且BV相同。新型RESURF SBD采用热氧化区域与SiO_2槽型终端改善击穿特性。热氧化区域降低了漂移区表面电子浓度，从而降低了表面电场峰值E_{max}，同时优化了纵向电场分布；SiO_2槽型终端进一步降低了表面E_{max}。RESURF SBD可承受600 V的电压且反向泄漏电流I_R小于10 μA，在正向偏压为3 V时的正向电流为7 A。高温存储测试后，RESURF SBD正向I-V曲线的正位移小于2%，导通电阻几乎恒定，开启电压仅增加0.05 V；耐压仍可达600 V，且I_R没有出现急剧增加的现象。

3. 具有Fin结构的低功耗β-Ga_2O_3功率器件工作机理与仿真设计

本书提出实现低功耗β-Ga_2O_3 Fin功率器件的新设计理念，包括一种具有Fin沟道结合欧姆接触阳极（Fin channel with an Ohmic contact anode，FO）和复合场板（Composite Field-plate，CF）的FOCF二极管，另一种是具有集成Fin二极管（Fin diode，FD）的反向导通（reverse conduction，RC）纵向场效应晶体管RC-FinFET。

FOCF二极管实现兼具低V_{on}和高BV的结构特征为：其一，FO结构实现类MIS（Metal-Insulator-Semiconductor）的正反向特性，从而实现极低的V_{on}；其二，CF结构由Al_2O_3和SiN_X双介质层组成阶梯场板以提高BV。当正向偏压为0 V时，由于阳极金属与β-Ga_2O_3之间的功函数差，Fin沟道被夹断，夹断效应允许欧姆接触阳极取代肖特基接触阳极，从而显著降低V_{on}。夹断效应抑制反向泄漏电流，CF调制电场分布，共同提高了BV。所提出的FOCF β-Ga_2O_3二极管实现低$V_{on}=0.45$ V，高$BV=2204$ V。RC-FinFET的V_{th}和反向导通压降V_{on}可独立调控，在几乎不影响V_{th}和BV的情况下有效改善反向导通特性。在反向导通状态下，FD实现极低的反向导通电压V_{on}；在正向导通和阻断状态下，FD的Fin沟道被夹断，对正向导通和阻断特性没有明显影响。与常规FinFET相比，RC-FinFET在V_{th}和BV值几乎相同的情况下，V_{on}降低了71%，实现低$V_{on}=0.45$ V，高$V_{th}=1.6$ V，$BV=2545$ V。此外，与外部反并联续流二极管以降低V_{on}的FET相比，RC-FinFET减少了寄生电感和总芯片面积，增强了其在高功率和低功耗功率转换系统中的应用潜力。

基于上述研究成果，本书作者及团队成员在微电子器件领域权威期刊IEEE Transactions on Power Electronics和IEEE Transactions on Electron Devices以及功率器件顶级国际会议IEEE International Symposium on Power Semiconductor Devices and ICs（ISPSD）发表多篇论文，申请多项中国发明专利，并获批多项氧化镓相关国家级/省部级科研项目和课题。

本书的完成要感谢张波老师为功率集成技术实验室建立的优质科研平台和学术环境，感谢李肇基老师的写作指导，感谢鲁娟、彭小松、郝琳瑶、蒋卓林、戴恺纬、李向楠、邓鸿儒、赵凯等氧化镓小组研究生对本书相关科研工作和项目推进提供的支持和帮助。

本书主要读者为功率半导体器件与集成领域的各院校师生、从事超宽禁带半导体氧化镓功率器件与集成技术相关研究的科研工作者。为了表达的准确性，同时考虑受众的阅读习惯，本书中部分内容保留了原文献中的英文表达。作者期待本书能激发更多研究者对这一领域的兴趣与热情，共同推动氧化镓半导体技术的持续进步与发展。笔者反复核对、讨论，希望尽最大努力保障写作及内容质量，但由于水平有限，书中不妥与错漏之处难免，衷心希望广大读者和专家能在阅读过程中，不吝赐教，提出宝贵意见！作者邮箱：yxwei@uestc.edu.cn。

魏雨夕

2025 年 3 月

目录 CONTENTS

第一章

绪论

1.1 研究背景

信息时代的飞速发展离不开半导体技术的发展。半导体技术可以实现对材料电学性能的可控化，是近代电子信息领域发展的关键技术。随着材料制备工艺的不断成熟，半导体器件在电力电子等应用领域中的研究中飞速进步。

功率半导体器件是电力电子领域实现电能变换与控制的核心元器件，其重要应用为电源系统、驱动系统和控制系统、电力电子系统向功率更大、体积更小、速度更快、功能更多、性能更强的方向发展。随着电源系统的功率日益增加，依靠提升电流得到所需的功率会造成耗散功率和发热量的增加，从而增加系统的体积、重量，进而增加无效载荷，降低效率。因此，小型化、高耐压、高功率密度、高转换效率及高可靠性是电力电子器件的终极目标。具有高击穿电压、低导通电阻及高功率密度的功率器件可以大幅降低电源系统能耗，提高系统转换效率，延长电子装备特别是移动装备的续航时间和降低电子装备供电需求，减小热冷系统体积和重量；高频的功率器件可以减少系统的电容和电感体积；高稳定性与可靠性是电力电子应用的最基本要求。因此，推动电力电子系统减小体积、增加载荷量和作战效率、增强续航能力、提高电能转换率和控制能力，用于智能电网、轨道交通和可再生能源等，实现跨越式提升和技术创新发展，促进我国国防与军民融合发展战略，对我国抢占半导体器件新一轮技术制高点、掌握自主核心技术具有重要意义。

工艺相对成熟的Si基半导体器件是目前电子信息领域中应用最广泛的器件，但因其禁带宽度、临界击穿电场等限制已经逐渐达到材料的理论极限，难以满足新一代功率系统的需求。宽禁带半导体SiC、GaN材料及器件经过多年发展，部分种类的半导体器件已商业化，在效率、体积、速度和可靠性等方面展现出突出优势。然而，高质量SiC、GaN单晶是通过成本高、生长难度较大的方法（例如升华，气相外延和高压合成）生产的，这限制了其推广应用，目前市场占有率还比较低。寻求新的材料体系，是进一步提高效率，降低功耗、器件成本和体积的快速有效途径之一。超宽禁带半导体氧化镓逐步成为电力电子领域的研究热点。氧化镓有α、β、γ、δ、ε和κ共六种晶型[1]，其中β-Ga_2O_3为单斜晶系结构，是热力学稳定的形式，其他亚稳定相的形成取决于衬底的晶格结构和生长温度，很容易在高温下转化为β-Ga_2O_3，因此目前绝大部分氧化镓的研究工作都是基于β-Ga_2O_3开展的，本书的研究工作也围绕β-Ga_2O_3展开。

氧化镓材料的研究已有70余年的历史。1952年，国际上首次报道了5种不同晶相的氧化镓晶体结构[2]，1965年，研究人员从单晶的光学性质推导出β-Ga_2O_3的禁带宽度[3]。但是受限于材料生长难度较大且生长质量较差，氧化镓在很大程度上被大多数半导体研究人员和工程师所忽略，从而导致其发展落后于SiC和GaN等宽禁带半导体材料。随着国际能源形势的变化、专用制造设备的进步和制备工艺逐渐成熟，氧化镓的相关研究蓬勃发展并得到广泛赞誉。如图1-1所示，在Web of Science数据库以标题中包含“Ga_2O_3”作为标准进行检索，结果显示近年来氧化镓相关论文数量显著增加，已逐渐成为宽禁带半导体领域新的研究热点，这也表明研究人员越来越认识到氧化镓材料应用于功率半导体领域的独特吸引力。

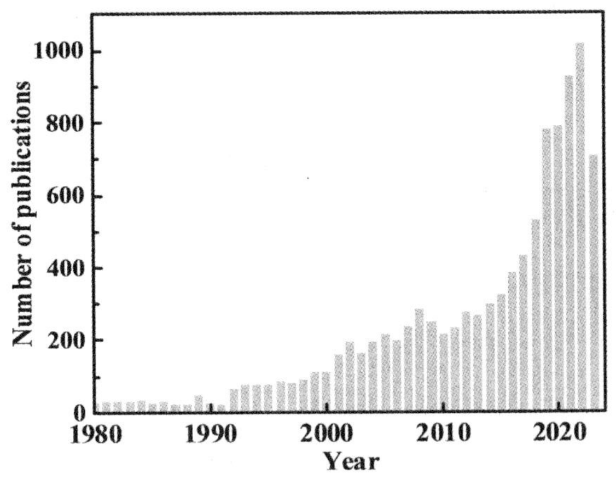

（数据截至2023年9月）

图1-1 1975年至2023年有关氧化镓的论文数量

如表1-1和图1-2所示，β-Ga_2O_3具有超宽禁带（E_g = 4.5～4.9 eV）和高击穿电场（8 MV/cm）[4-5]，因此相较于Si、SiC及GaN器件，在相同漂移区长度下可以大大提高击穿电压（breakdown voltage，BV），尽管具有偏小的电子迁移率，相同耐压级别的单极β-Ga_2O_3器件比导通电阻（specific on-resistance，$R_{on,sp}$）可以达到大约SiC器件的1/10、GaN器件的1/3[6]。另外，可通过多种较低成本的熔体法生长高质量、大尺寸的β-Ga_2O_3单晶材料，因此β-Ga_2O_3在价格成本上具有先天优势[7-8]；并且β-Ga_2O_3材料的N型掺杂浓度可灵活调节（10^{15}～10^{19} cm^{-3}），理论电子饱和速度可以达到2×10^7 cm/s。从而，具有高BV和低$R_{on,sp}$的β-Ga_2O_3基功率器件的Baliga品质因子（baliga's figure of merit，BFOM）分别为GaN、SiC及Si器件的4倍、10倍及3 444倍[9-10]。因此，β-Ga_2O_3是制备功率器件优选材料之一，理论上在大功率、高效率、低损耗、小体积以及高可靠性方面具有显著优势，有利于提升功率密度及应用系统的转换效率。此外，氧化镓的晶圆线与Si、GaN以及SiC的晶圆工艺线相似度很高，转换的成本较低，有利于加速氧化镓的产业化进度，潜在可转换的产能巨大。综上，与作为当前产业界热点的第三代半导体GaN和SiC相比，基于β-Ga_2O_3的半导体技术具有重要的应用前景，β-Ga_2O_3功率器件契合高压低功耗的市场需求，应用于功率转换系统将实现更低的功耗和更高的效率，满足新一代电力电子系统高效率、集成化和小型化发展需要。

表1-1　各种半导体材料特性比较

材料参数	Si	4H-SiC	GaN	β-Ga_2O_3
禁带宽度E_g(eV)	1.1	3.3	3.4	4.5～4.9
电子饱和速度v_s(10^7 cm/s)	1	2	2.5	1.8～2
电子迁移率μ ($cm^2 \cdot V^{-1} \cdot s^{-1}$)	1400	1000	1200	300
相对介电常数ε	11.8	9.7	9	10
击穿场强E_b ($MV \cdot cm^{-1}$)	0.3	2.5	3.3	8
热导率κ ($W \cdot cm^{-1} \cdot K^{-1}$)	1.5	2.7	2.1	0.1～0.3
BFOM ($\varepsilon \mu E_b^3$)	1	340	870	3444

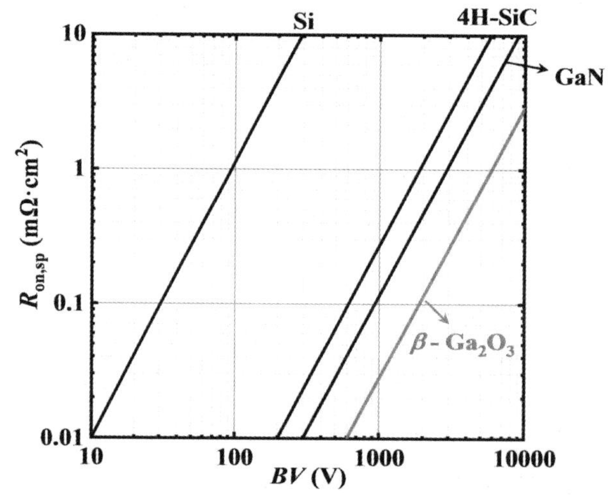

图1-2　β-Ga_2O_3与其他半导体的BV与$R_{on,sp}$关系

氧化镓半导体器件理论上具有更高耐压、更大功率、更高工作温度、更低功率损耗、更小体积以及更强抗辐射能力，有望用于军事领域如高功率电磁炮、电动战车、电动飞行器、舰艇等电源控制系统，可以大幅降低装备系统损耗，减小电源系统的体积和重量，因此在航空航天、智能电网、汽车电子和移动电子装备等领域有着广泛的应用前景和可观的经济效益，在电力电子应用中具有显著的优势。

基于常见半导体材料Si、GaN和SiC的功率器件应用场景及对应电压级别如图1-3所示。由于所需驱动功率小、开关速度快，Si基功率器件在600 V以下的领域中广泛应用并占据主流；GaN基功率器件适合650 V以下的中低压应用领域，目前主要用于消费类电子产品，通信设备等；SiC基功率器件适合650 V以上的中高压应用领域，应用场景包括新能源汽车、火车用配电装置、光伏逆变器以及工业应用。氧化镓功率器件的应用范围包括从低压到超高压的整个市场，重要原因在于氧化镓器件在相同耐压级别下可以大大缩短的漂移区，从而天然易于实现功率器件低阻、小型化。

根据图1-3所示的日本FLOSFIA公司对氧化镓在功率器件的市场预测，预计短期内氧化镓功率器件将在门槛较低、成本敏感的中高压应用市场率先出现，如消费电子、家电以及能发挥材料高可靠、高性能的工业电源等应用领域。

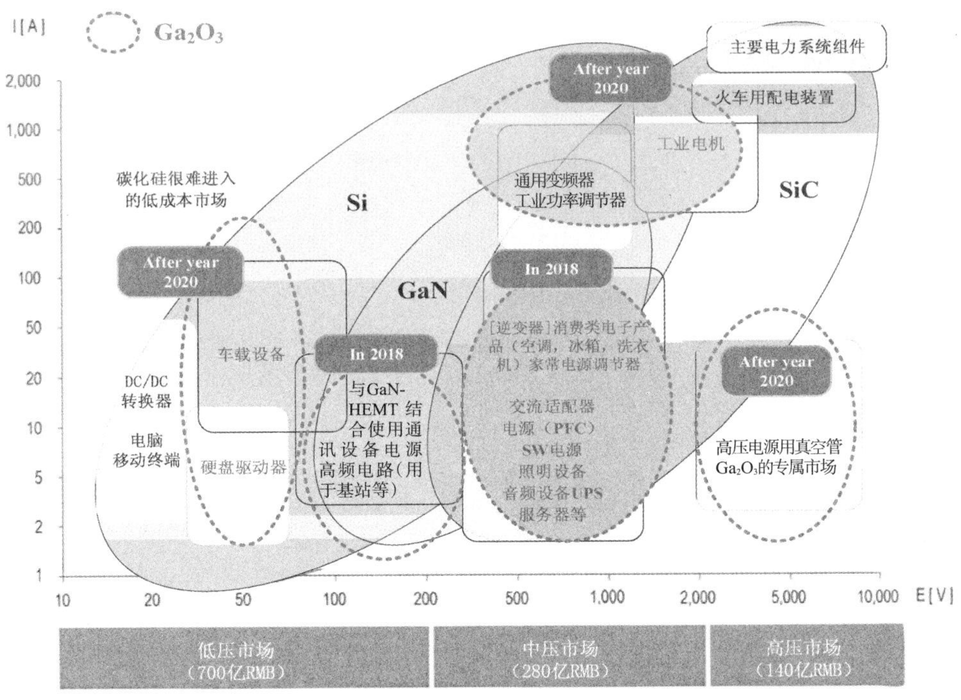

图1-3 日本FLOSFIA公司对氧化镓在功率器件的市场预测

Yole研究机构调查结果显示，仅氧化镓衬底材料2019年市场规模为300万美元，并以24%的速度逐年增长。而根据日本Yano研究所预测，2025年氧化镓晶圆将部分替代SiC、GaN材料，市场规模可达到2600亿日元。另外，如图1-4所示，走在氧化镓技术领域前沿的日本FLOSFIA公司的预测更偏保守，预计氧化镓功率器件市场规模将在2030年达到15.42亿美元。总之，氧化镓具有广阔的市场前景和可观的经济效益，在电力电子应用中具有显著优势。

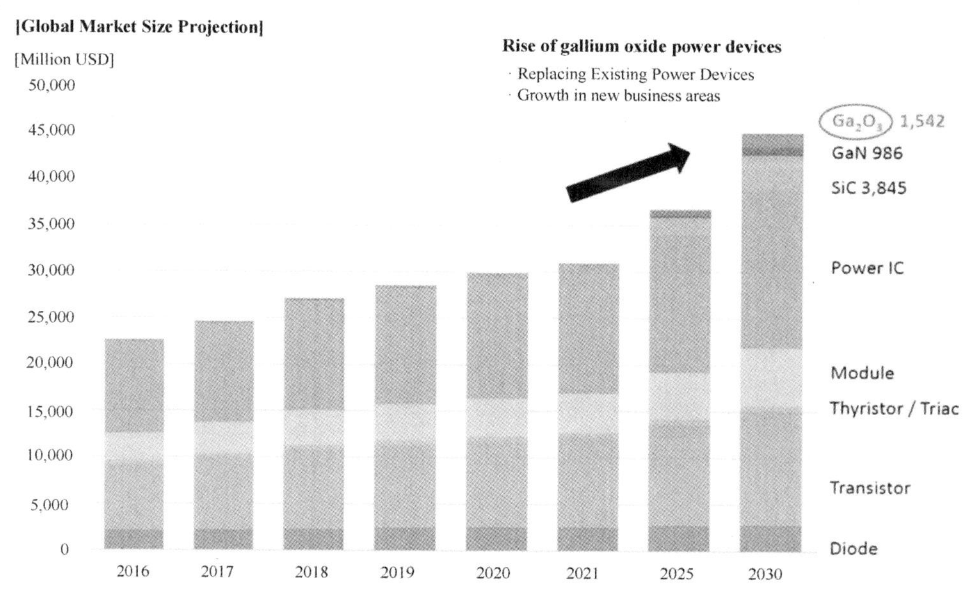

图1-4　日本FLOSFIA公司预测氧化镓市场规模

1.2 国内外研究现状

针对新一代战略半导体材料氧化镓，日本、美国、中国等国家已投入大量财力、人力竞相对氧化镓研究进行战略布局，部署了一系列研究支持计划。2011～2012年，日本新能源产业的技术综合开发机构（The New Energy and Industrial Technology Development Organization，NEDO）开展氧化镓功率器件基础技术研究计划，进行超高耐压氧化镓功率器件的研发。2014年，美国空军研究实验室（Air Force Research Laboratory，AFRL）通过了氧化镓单晶材料制备的研究计划，用于进一步提升军用雷达、电子战以及通信系统中射频器件和功率开关器件的性能。2016年，德国和美国分别召开“德国-日本氧化镓技术研讨会”和“氧化镓材料制备、表征和应用研讨会”，成立氧化镓研究共同体，为基于氧化镓衬底的整体集成提供研究路线与战略制定，致力于推动氧化镓材料和器件研究的进一步发展与工业化进程；同年，美国国防部开展“超大功率电子器件氧化镓材料外延生长技术”研究计划，指出需要高压、高效功率转换器实现所需功率密度，用于未来海军战舰上配备的电磁轨道炮、防空雷达系统以及DDG-51驱逐舰的推进系统等。2017年，美国国防高级研究计划局（Defense Advanced Research Projects Agency，DARPA）开展“动态范围增强电子材料与器件”研究计划；同年，日本电装株式会社与FLOSFIA公司合作开发氧化镓基功率器件用于电动汽车，对氧化镓技术的研究开始从基础的材料器件发展到模块应用。中国在氧化镓领域的研究起步较晚，自2017年中国科技部实施“超宽禁带半导体功率器件研究”的计划，近年来，面向国家发展（超）宽禁带半导体及集成电路产业的重大战略需求，我国相继开展了大量氧化镓技术领域的项目支持计划，加快发展超宽禁带氧化镓产业链。

氧化镓已成为当前国际电力电子领域发展热点和关键战略技术。从2022年8月开始，美国、日本等国相继实施出口新禁令，对我国氧化镓采取出口管制政策，以达到技术封锁和遏制发展的目的；我国也于2023年7月开始对重要的“战略性资源”镓施行出口管制。与Si、SiC、GaN相比，我国氧化镓技术与国际水平相差较小，有望实现核心器件的并跑甚至赶超，从而推动电力电子产业的新一轮发展。

1.2.1 国外研究现状

高质量的氧化镓单晶衬底及外延材料是制备高性能功率器件的基础。目前可行的β-Ga_2O_3单晶生长技术包括提拉法（czochralski，CZ）、导模法（edge-defined film-fed growth，EFG）、浮区法（floating zone，FZ）和布里奇曼法（bridgman）[11-15]。其中最主流和最有应用前景的是EFG法，其生长速率快、掺杂均匀性好，易于生长大尺寸的β-Ga_2O_3晶体，是目前制备4～6英寸*氧化镓单晶的唯一方法。在外延方面，脉冲激光沉积（Pulsed Laser Deposition，PLD）、分子束外延（Molecular Beam Epitaxy，MBE）、金属有机化学气相沉积（Metal-Organic Chemical Vapor Deposition，MOCVD）以及氢化物气相外延（Hydride Vapor Phase Epitaxy，HVPE）技术等都是国际上较为常见的制备β-Ga_2O_3薄膜的方法[16-22]。其中可用于大规模商用的主要有MBE技术和HVPE技术。MBE技术外延的薄膜质量高但生长速率慢、成膜面积小，因而成本较高，一般用于具有较薄有源区的横向氧化镓器件的制备；HVPE技术的设备工艺相对简单，适用于高纯层的快速生长以及通过掺杂来控制电导率，一般用于具有较厚有源区的纵向氧化镓器件的制备。

日本Novel Crystal Technology（NCT）公司在氧化镓材料研制方面领跑全球氧化镓产业，供应全球大部分氧化镓单晶衬底及外延片。该公司由日本情报通信研究机构（National Institute of Information and Communications Technology，NICT）、田村制作所和AGC（Asahi Glass Co., Ltd）Si-Tech公司等联合成立。在氧化镓半导体领域产业发展技术研究方面，得益于衬底和外延片的本国供应，日本最先形成国内的氧化镓产业链，走在氧化镓技术领域最前沿。日本NCT公司于2017年在实验室生长出6英寸的氧化镓单晶衬底，并在2022年利用HVPE方法成功实现β-Ga_2O_3材料的6英寸成膜，可大幅削减晶圆生产成本；该公司目前已实现2～4英寸β-Ga_2O_3单晶衬底产

* 1英寸=2.54厘米

品的商业化生产，并且在2021年实现全球首次量产4英寸β-Ga_2O_3外延片，目前对外出售基于HVPE技术和MBE技术的氧化镓外延片，掺杂浓度在2×10^{16} cm^{-3}～9×10^{19} cm^{-3}可调，但MBE外延片对我国禁售。此外，美国能源部先进能源研究计划署主要资助的Kyma Technologies公司也提供氧化镓衬底及外延片的供应，德国莱布尼兹晶体生长研究所、美国AFRL及Northrop Grumman公司也通过提拉法生长获得了2英寸的Ga_2O_3晶体，实现了多种方式的外延生长和不同浓度的掺杂控制。

氧化镓功率器件是氧化镓半导体技术领域的核心。目前对氧化镓功率器件的研究集中在二极管与场效应晶体管（Field Effect Transistor，FET），充分利用β-Ga_2O_3宽禁带和高击穿场强的材料特性以实现高耐压和低功耗，进而实现应用系统大功率和高转换效率。受限于有效P型掺杂的缺乏和偏低的电子迁移率，氧化镓功率FET不但存在高耐压和低导通电阻的矛盾关系，也难以实现兼具高阈值电压和高输出电流的增强型器件，因而难以进一步应用在功率模块中。相较之下，氧化镓二极管制备难度较低且可行性更强，有望进一步改善以实现高耐压、大功率、低功耗，从而部分替代SiC和GaN二极管并应用于电力电子系统。

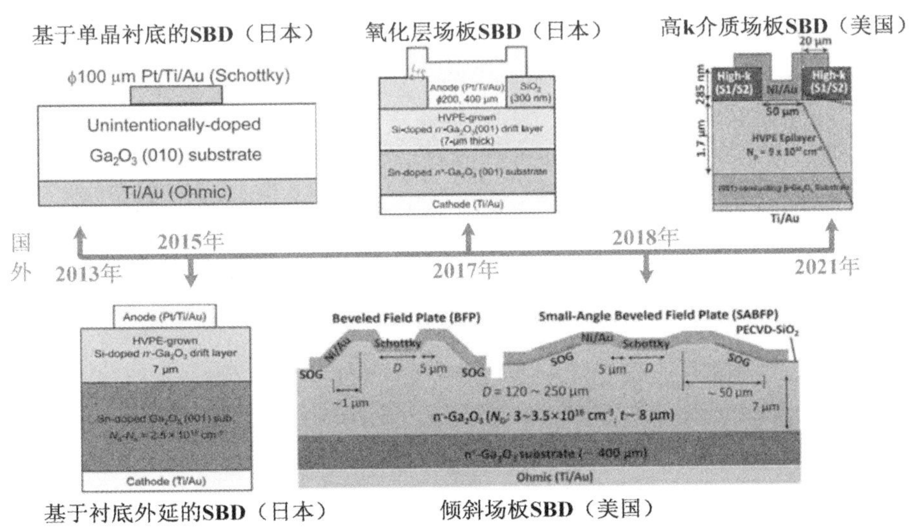

图1-5 国外氧化镓功率二极管研制技术发展历程及现状[22-23，25-27]

国外对氧化镓功率整流管研究进展如图1-5所示。2013年，日本田村制作所[23]基于高质量（010）β-Ga_2O_3单晶衬底制备了SBD，击穿电压达到150 V。2015年，日本NICT[24]在高掺杂（001）β-Ga_2O_3衬底上生长了7 μm的低掺杂外延层并基于该复合结构制备了SBD，对器件在变温条件下的电容-电压（capacitance-voltage，*C-V*）以及电流-电压（current-voltage，*I-V*）特性进行了研究，其研究结果验证了β-Ga_2O_3 SBD作为下一代功率器件的潜力。2016年，日本FLOSFIA公司通过从蓝宝石衬底上生长的氧化镓薄膜制备肖特基势垒二极管，实现比导通电阻$R_{on,sp}$为0.4 mΩ·cm^2，击穿电压为855 V。2017年，日本NICT[25]首次采用了边缘氧化层场板终端技术制造β-Ga_2O_3 SBD，实现了击穿电压和比导通电阻分别为1 076 V和5.1 mΩ·cm^2。2018年，美国弗吉尼亚理工学院暨州立大学[26]开发了一种新的湿法蚀刻技术，使用双层掩模制造的β-Ga_2O_3 SBD具有小角度倾斜场板，有助于终端区域中的电场扩展，从而提供1 100 V的击穿电压和超过3.4 MV/cm的平均电场，功率优值（power figure of merit，PFOM = $BV^2/R_{on,sp}$）提高到600 MW/cm^2。2021年，美国犹他大学[27]报道了具有极高*k*介质场板的氧化镓SBD，实现非常低的$R_{on,sp}$为0.32 mΩ·cm^2，击穿电压达到687 V，功率优值达到1.47 GW/cm^2，研究结果表明氧化镓功率器件在千伏级应用中的潜力。

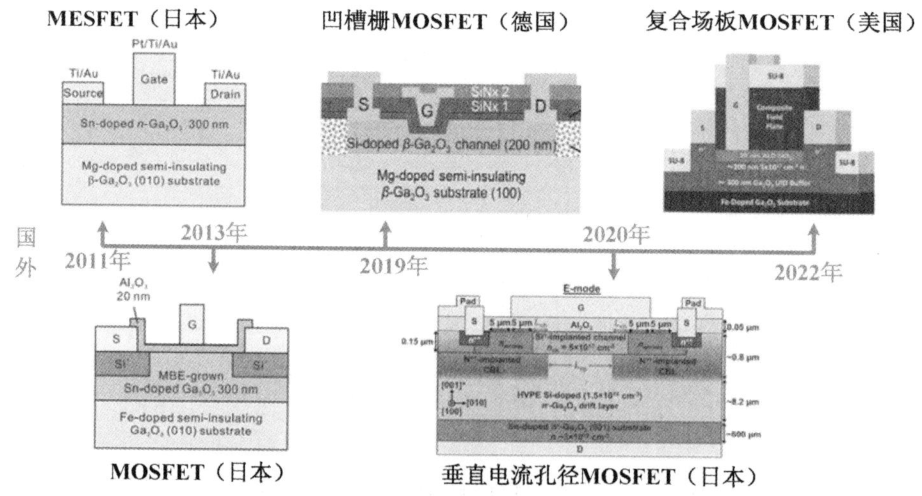

图1-6　国外氧化镓功率场效应晶体管研制技术发展历程及现状[28-29，32-33，35]

国外对氧化镓功率FET研究进展如图1-6所示。2011年，日本NICT[28]制备了第一只N沟道β-Ga_2O_3 MESFET，耐压为250 V，阈值电压为−20 V，首次成功验证了β-Ga_2O_3在功率器件方面的可行性；之后，该单位[29]于2013年研制了第一只β-Ga_2O_3 MOSFET，引入栅氧化层降低栅漏电，并将击穿电压提高至370V；2015年，日本NICT[30]通过Si离子注入提升源/漏区的载流子浓度以形成更好的欧姆接触，使器件的击穿电压达到470 V，且电流开关比高达10^9。2016年，美国空军研究实验室（air force research laboratory，AFRL）[31]以MOCVD外延的200 nm Sn掺杂的β-Ga_2O_3外延层作为导电沟道制造了源漏间距仅为0.6 μm的MOSFET，该器件的击穿电压为230 V，平均击穿场强达到3.8 MV/cm，首次超过了GaN和SiC的理论击穿场强。2019年，德国Ferdinand-Braun研究所[32]采用凹槽栅技术制得耐压为1800 V、$R_{on,\ sp}$为21.6 mΩ·cm^{2}的横向功率MOSFET，但其阈值电压为−24 V。2020年，日本NICT[33]又利用N离子电流阻挡层结合沟道掺杂控制研制出纵向氧化镓电流孔径MOSFET，器件阈值电压为4 V，但耐压仅为263 V，且$R_{on,\ sp}$高达135 mΩ·cm^2；同年，美国布法罗大学和斯坦福大学[34]报道了击穿电压高达6720 V的β-Ga_2O_3 MOSFET，其平均场强为1.69 MV/cm，功率优值PFOM为7.73 kW/cm^2。2022年，美国布法罗大学和俄亥俄州立大学[35]采用真空退火修复刻蚀缺陷及复合场板介质技术，制备出耐压7.16 kV、比导通电阻为897 Ω·mm且阈值电压为 −20 V的横向氧化镓功率MOSFET。

为了充分发挥β-Ga_2O_3材料临界击穿场强高的优势，避免泄漏电流过大和电场集中引起的提前击穿尤为重要。基于沟槽技术的鳍型（Fin）结构不仅能减少反向泄漏电流，且能有效减小表面电场尖峰，进一步提升器件耐压。国外基于Fin结构的β-Ga_2O_3器件研究发展历程和现状如图1-7所示。2017年，日本NCT公司[36]首次验证了槽型SBD，该器件耐压仅为240 V，$R_{on,\ sp}$为2.9 mΩ·cm^2。2018年，美国康奈尔大学[37]成功实现了一种常关的增强型Fin MISFET，其阈值电压为2.2 V，击穿电压和比导通电阻分别为1 057 V和18 mΩ·cm^2；同年，该团队[38]提出了具有Fin结构的Trench-MIS

SBD以降低反向泄漏电流，实验获得耐压2.44 kV，V_{on}为1.25 V。2019年，康奈尔大学团队[39]在此基础上对器件进行改进并报道了一种具有双层场板的槽型SBD，器件实现2.89 kV的高击穿电压，脉冲测试下的$R_{on,sp}$为8.8 mΩ·cm^2，PFOM优值提高到0.95 GW/cm^2；然而，较窄的Fin宽度使导电路径变窄，其相较于常规SBD导通电阻及正向导通压降有所提高，V_{on} = 1.25 V。2022年，犹他州立大学[40]制备了Fin结构三栅MESFET，功率优值达到0.95 GW/cm^2，平均击穿场强为4.2 MV/cm，导通电阻R_{on}为20.5 Ω·mm。同年，该团队[41]报道了采用高k介质材料的横向超结Fin SBD，通过在沟槽中填充高k材料能有效地使电场分布均匀化，从而提高击穿电压至1487V，该器件$R_{on,sp}$仅为1.65 mΩ·cm^2，实现高达1.34 GW/cm^{2}的PFOM值。

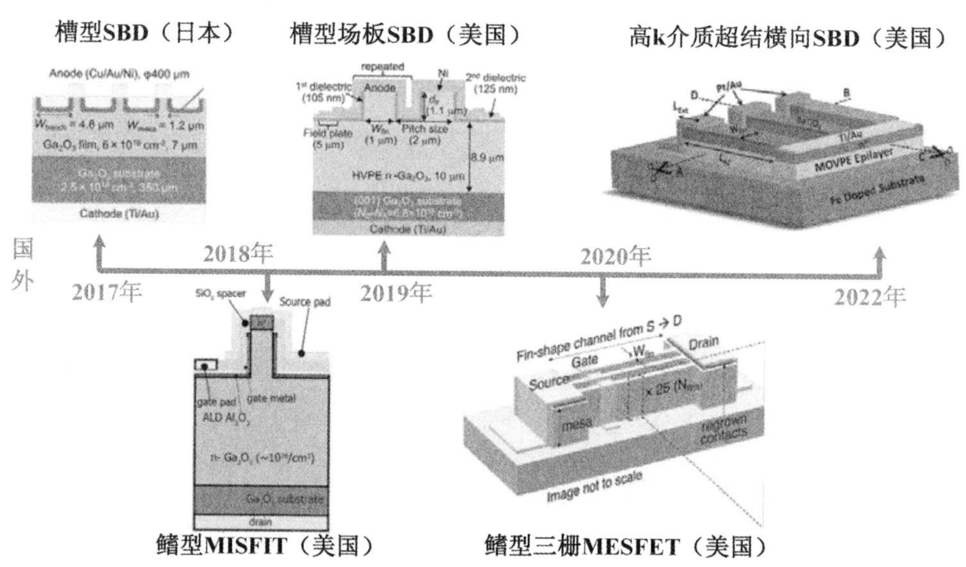

图1-7　国外氧化镓Fin器件研制技术发展历程及现状[36-37，39-41]

氧化镓功率器件的高可靠性是其推向实际应用的关键，特别是β-Ga_2O_3的热导率偏低，尤其在大功率应用下自热效应严重影响稳定性和可靠性，多物理场下缺陷、界面态及体电荷也会使器件可靠性加速退化。针对这些问题，国外陆续开展了氧化镓功率器件可靠性研究。2016年，日本NICT[42]

报道了具有栅场板的β-Ga_2O_3 MOSFET在25～300 ℃热应力下器件开关比（I_{on}/I_{off}）由10^9退化到10^3，而其他特性波动较小。2018年，韩国崇实大学[43]报道了β-Ga_2O_3纳米薄膜场效应管在负偏压温度应力下出现阈值电压正向漂移，这是由于其显著的表面耗尽效应；次年，该校报道了双栅β-Ga_2O_3 MOSFET的阈值电压随着温度升高（25～250 ℃）出现负向漂移，其原因是热激活施主态向沟道注入电子。2020年，美国宾夕法尼亚州立大学[44]采用原位透射电镜技术分析了正偏电压下β-Ga_2O_3 SBD工作过程中的缺陷演化和失效模式，结果表明高电流密度伴随着热场会在器件中诱发大量的结构缺陷，导致器件在高偏置电压下失效。2020年，意大利帕多瓦大学[45]对β-Ga_2O_3 MOSFET的阈值电压进行了分析和建模，阈值电压不稳定性主要是栅介质的边界陷阱捕获，并提出了通用模型对实验结果进行拟合。2022年，英国布里斯托大学[46]利用电流泄漏噪声分析氧化镓沟槽MOS SBD的击穿机制，在低偏压时，泄漏主要由肖特基势垒隧穿导致；在高偏压下，电流突然增加，伴随着氧化层界面的击穿发生，这是一种永久性的软击穿机制。因此，可靠性研究对氧化镓功率器件探索加固技术具有十分重要的指导意义。

1.2.2 国内研究现状

我国在氧化镓领域的研究开展较晚，近年来器件指标基本达到国际先进水平，但材料方面相距日本仍存在较大差距，产业化水平目前尚处于初级阶段。目前我国多家研究单位从事氧化镓技术研究。中国电子科技集团公司第四十六研究所（简称“中国电科46所”）、山东大学、中国电子科技集团公司第十三研究所（简称“中国电科13所”）、西安电子科技大学、中国科学技术大学、电子科技大学、南京大学、中国科学院上海光学精密机械研究所（简称“上海光机所”）、上海微系统所、复旦大学等高校及科研院所，以及铭镓半导体公司、杭州富加镓业科技有限公司等企业都积极聚焦氧化镓技术领域。

氧化镓单晶衬底及外延材料方面，各单位积极开展高质量氧化镓材料研究并取得突破。上海光机所在2006年利用CZ法制备出国内首个氧化镓晶体。中国电科46所分别于2016年和2018年相继制备出了国内第一片高质量的2英寸氧化镓单晶和4英寸氧化镓单晶。山东大学在2019年采用EFG法获得4英寸（100）β-Ga_2O_3单晶，并通过改进晶体生长模具、温场、生长气氛等因素优化EFG法β-Ga_2O_3晶体生长工艺，并于2022年成功制备出高质量4英寸（001）β-Ga_2O_3晶体，目前已可生长出位错密度仅为10^3量级的β-Ga_2O_3晶体。2022年，铭镓半导体公司使用EFG法成功制备了高质量4英寸（001）β-Ga_2O_3单晶，完成了4英寸β-Ga_2O_3晶圆衬底技术突破。2023年初，中国电科46所团队成功突破6英寸氧化镓单晶生长技术并首次制备出我国6英寸氧化镓单晶。西安电子科技大学与中国科学技术大学深入探索外延膜制备工艺并开展针对生长温度和压强的系统性研究，不同掺杂浓度的外延膜展现了国际一流水平的迁移率。杭州富加镓业目前可批量出售2英寸并定制化提供4英寸氧化镓单晶衬底，其产品也包括基于MOCVD技术和MBE技术的氧化镓外延片。材料的突破将有力推动我国氧化镓产业化进程和相关技术发展，国内大尺寸高质量氧化镓材料生长工艺仍有待进一步突破。

P型掺杂β-Ga_2O_3的缺乏也导致难以采用常规结终端技术改善耐压，研究人员们提出新的终端结构或者采用其他P型氧化物半导体（如NiO）与N型β-Ga_2O_3形成PN异质结，进行了大量研究并取得了突破性成果。国内科研单位对氧化镓功率二极管研究进展如图1-8所示。

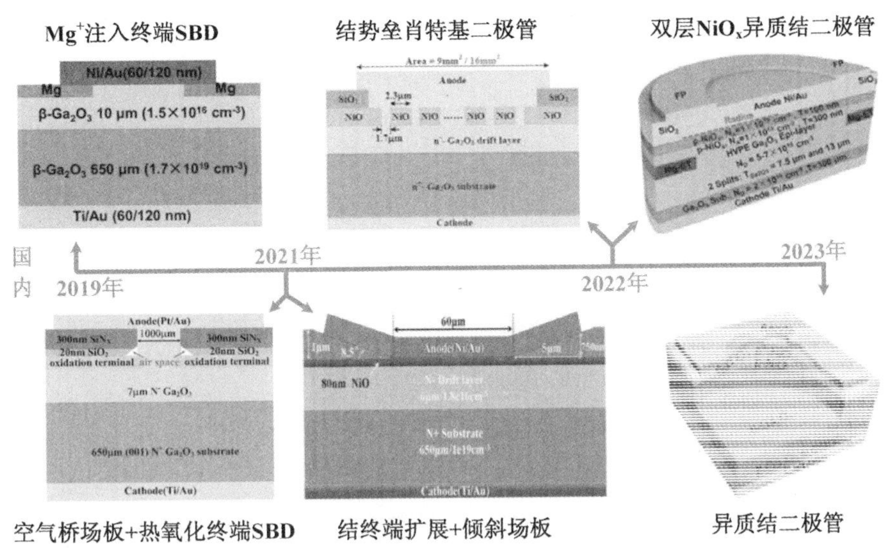

图1-8 国内氧化镓二极管研制技术发展历程及现状[47-52]

2019年，西安电子科技大学[47]制备了Mg^+注入终端β-Ga_2O_3 SBD，耐压为1 550 V，$R_{on,sp}$为5.1 mΩ·cm²。2021年，中国电科13所与电子科技大学[48]联合研制具有空气桥场板与热氧化终端结构的β-Ga_2O_3 SBD并进行了测试分析，器件具有快反向恢复特性，反向恢复时间为7.5 ns，反向恢复电荷为1 nC，且在频率为1 MHz时仍具有良好的整流能力；同年，中国电科13所[49]制备了具有复合终端的P-NiO/N-Ga_2O_3 HJD，其复合终端包括结终端扩展结构和小角度倾斜场板，有效改善器件击穿特性，使BV提升至2 410 V，同时$R_{on,sp}$仅为1.12 mΩ·cm²，获得的功率优值PFOM高达5.18 GW/cm²。2022年，中国电科13所与电子科技大学[50]联合发表具有场板的大尺寸氧化镓结势垒肖特基二极管（Junction Barrier Schtottky Diode，JBSD），在6 V的正向偏置下输出电流可达51 A，且在3 000分钟高温应力前后的正向I-V和C-V特性以及击穿电压几乎不变；同年，西安电子科技大学[51]制备的氧化镓HJD采用Mg^+注入、SiO_2介质场板和NiO_x结终端扩展等多种终端技术实现高达8320 V的击穿电压，同时比导通电阻仅为5.24 mΩ·cm²，获得的功率优值PFOM高达13.2 GW/cm²。2023年，南京大学[52]提出了一种兼具高鲁棒性和快速开关能力的氧化镓HJD，器件实现了50 A以上的大雪崩电流和730 mJ的雪崩耐量，且实现小于15 ns的快反向恢复时间，为氧化镓功率器件突破实用化障碍提供解决方法。

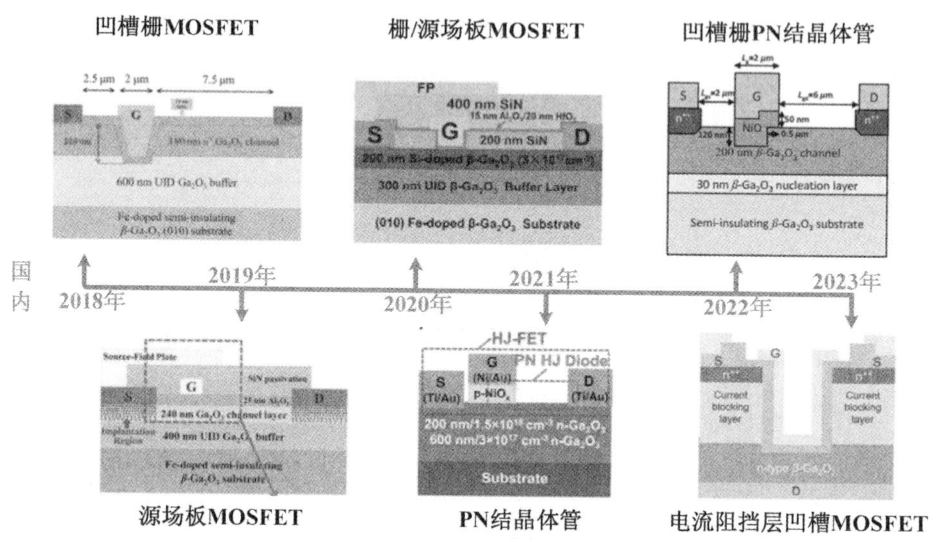

图1-9　国内氧化镓功率场效应晶体管研制技术发展历程及现状[53-54, 56-59]

国内在功率半导体器件方面具有丰富的基础，在氧化镓FET研制技术方面起步较晚但迅速发展，研究进展如图1-9所示。2018年，中国电科13所[53]制备了凹槽栅β-Ga_2O_3 MOSFET，当凹槽栅足够深时，器件的阈值电压提高到3 V，但耐压仅为190 V；2019年，该研究所[54]研制了具有源场板的β-Ga_2O_3 MOSFET，源漏间距11/18 μm时耐压为480/680 V，PFOM达到50.4 MW/cm^2。2019年，中国科学院微电子研究所[55]同样采用凹槽栅技术制得阈值电压为4V的氧化镓MOSFET，但$R_{on,sp}$高达728 mΩ·cm^2，并首次在阻性负载下对β-Ga_2O_3 MOSFET进行了动态测试，开启时间为28.6 ns，关断时间为94 ns。2020年，中国电科13所[56]采用T形栅场板结合源场板制备了β-Ga_2O_3横向功率MOSFET，该器件栅漏间距4.8/17.8 μm时耐压为1 400/2 900 V，$R_{on,sp}$为7.08/46.2 mΩ·cm^2，PFOM可以达到277 MW/cm^2，但阈值电压为−18 V。2021年，西安电子科技大学[57]报道了一种基于P-NiO/

N-Ga_2O_3 异质结的β-Ga_2O_3 HJFET，器件耐压和$R_{on,sp}$分别为1 115 V和3.19 mΩ·cm²，PFOM高达0.39 GW/cm²。2022年，中国科学技术大学[58]通过凹槽型P-NiO_x/Ga_2O_3异质结技术实现了增强型β-Ga_2O_3横向功率晶体管，其阈值电压为0.9 V、耐压为980 V且导通电阻为151.5 Ω·mm。2023年，中国科学技术大学[59-60]在O_2氛围下进行热退火并结合N离子注入工艺制备低掺杂电流阻挡层，并利用栅槽刻蚀工艺研制出β-Ga_2O_3纵向槽型MOSFET，器件阈值电压达到4.2 V（@1 A/cm²），$R_{on,sp}$为10.4 mΩ·cm²，通过调节N离子注入浓度击穿电压可达到534 V，获得的功率优值超过Si基单极器件的理论极限，为β-Ga_2O_3晶体管提供了新的设计理念和技术路线。

国内研究人员在氧化镓功率器件可靠性方面也开展了大量研究。2021年，电子科技大学[48]报道了β-Ga_2O_3 SBD在不同温度（25～225 ℃）下器件反向恢复特性呈现较好的一致性，而泄漏电流在85 ℃恒定温度下随时间先增大后减小并趋于稳定，当温度降至室温后器件性能基本恢复，证明了器件具有良好的电热可靠性。2022年，电子科技大学[50]报道了氧化镓JBSD在200 V反向偏置和400 K高温应力的情况下持续工作3000分钟前后器件电学性能的变化，结果显示长期高温应力前后的I-V和C-V曲线重合且耐压不变，表明其较好的热可靠性；同年，电子科技大学[61-62]报道了横向β-Ga_2O_3 MOSFET的阈值电压与导通电阻在栅电极正偏压与负偏压应力下呈现出不一致的变化趋势，揭示了界面态与陷阱不同应力下作用机制。2023年，西安电子科技大学[63]报道了Ga_2O_3-on-SiC MOSFET中存在一种独特的正偏压应力不稳定性机制，最初器件的漂移机制满足传统的正偏压应力导致特性正偏的趋势，但随着应力时间的增加，由于制造工艺产生了浅施主导致产生了反常的负向漂移趋势。

面向国家发展（超）宽禁带半导体及集成电路产业的重大战略需求，我国在氧化镓技术领域的研究起步相对较晚，总体仍与国外存在差距，需要进一步突破，开展具备自主知识产权的氧化镓技术基础研究，从而有力助推氧化镓半导体器件源头创新和实用化、产业化发展的进程。

1.3 研究意义及本书主要工作

半导体器件是半导体产业化技术的核心，超宽禁带半导体氧化镓器件在更高耐压、更大功率、更低功耗等方面具有极大的应用潜力，国内外在氧化镓领域的研究均取得了突破性成果和进展，研究集中在改善器件耐压，以充分发挥其临界击穿电场高的优势，同时降低导通电阻和抑制泄漏电流，但仍存在一些亟须解决的关键问题，具体内容如下所述。

① 器件耐压远低于理论值，其原因主要在于缺乏有效的P型氧化镓，难以采用常规结终端技术改善耐压，需要新的终端技术；

② 当前研究主要集中在小尺寸器件，探索缓解电场集中问题的方法，但实际系统应用中不仅需要高耐压也需要大电流，需要开展对大功率器件的研究；

③ 氧化镓材料热导率低，尤其在大功率应用下自热效应严重影响稳定性和可靠性，然而对具有大尺寸的大功率氧化镓器件的热稳定性研究较少；

④ 氧化镓功率FET多为耗尽型且阈值电压负值很大，高阈值电压的实现又会不可避免地导致反向开启电压与导通电阻较大，然而反向导通特性鲜有讨论报道。

本书在基础加强计划重点基础研究项目“×××氧化镓功率器件新结构机理与工艺”和专用集成电路重点实验室基金项目“超宽禁带氧化镓功率器件大功率设计与应用研究”的支持下，针对以上瓶颈问题，开展了氧化镓功率器件基础理论、新型终端设计与可靠性等方面的研究，验证了氧化镓在高功率、低损耗电力电子领域的应用潜力。

本书围绕高压低功耗氧化镓功率器件开展创新研究，每个章节的研究内容安排如下。

第一章“绪论”。

首先阐述了电力电子应用领域对氧化镓功率器件的需求及氧化镓广阔的市场前景及效益；其次介绍了氧化镓材料的优势，及氧化镓材料、功率器件和可靠性研究的国内外现状，最后简单概括了氧化镓功率器件存在的一些瓶颈问题并基于此提出本书主要工作。

第二章“氧化镓功率器件基础理论与典型耐压技术”。

首先介绍了研究中采用的仿真软件Sentaurus TCAD在进行氧化镓功率器件仿真时所涉及的材料模型、物理模型及相应的参数设置；其次，介绍了氧化镓功率器件常用的几类典型耐压技术及其机理，包括场板技术、鳍型技术、异质结技术、离子注入技术和热氧化技术；最后，介绍了研究中采用的几类典型的性能测试技术。

第三章“具有复合场板的氧化镓肖特基二极管研制”。

我们提出了一种具有复合场板的氧化镓SBD新结构。首先介绍了其结构特征和工作机理，并利用Sentaurus TCAD软件研究电学特性并优化设计结构参数；其次介绍了样品制备的关键工艺，并对器件样品进行的静态和动态特性等进行测试及结果分析，验证理论分析的正确性。

第四章“大功率氧化镓二极管研制”。

我们提出了两类具有大功率的氧化镓功率二极管新结构，即具有场板的氧化镓JBSD，基于RESURF效应的氧化镓SBD。首先介绍了两类结构的工作机理并通过Sentaurus TCAD软件分析其结构参数的影响；其次介绍了器件制备流程及针对各器件样品的测试结果分析，JBSD长期高温应力前后和RESURF SBD高温存储测试前后的器件性能均基本稳定。

第五章“低功耗的鳍型氧化镓功率器件”。

我们提出了两类具有Fin结构的氧化镓功率器件新结构，即具有低开启电压的氧化镓无结二极管、具有低反向导通损耗的氧化镓RC-FinFET。首先，详细介绍了两类器件的结构特征及工作机理；其次，对Fin沟道的宽度和深度等关键结构参数进行仿真优化设计，获得高性能鳍型氧化镓功率器件新结构；最后设计了器件制备的工艺流程。

第六章“总结与展望”。

我们总结了本书的研究内容和主要创新点，并介绍了后续研究计划及未来研究的展望。

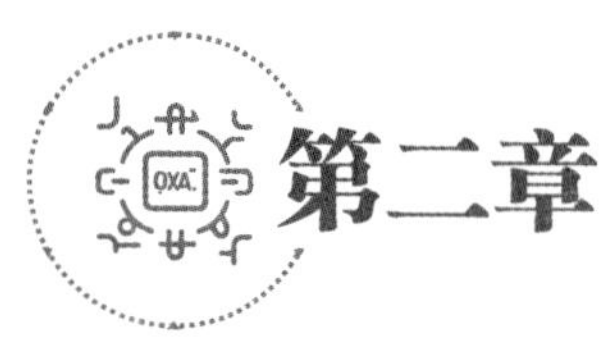

第二章

氧化镓功率器件基础理论与典型耐压技术

本章首先介绍氧化镓功率器件仿真时所涉及的关键模型并对其在仿真软件Sentaurus TCAD中的参数设置进行了完善，其次介绍氧化镓功率器件常用的几类典型耐压技术及测试方法，为后续氧化镓功率器件机理研究、优化设计及测试结果分析奠定基础。

2.1 氧化镓功率器件仿真模型

β-Ga_2O_3作为新一代超宽禁带半导体材料，适用于大功率低损耗应用领域，但其热导率较低且温度稳定性研究较少，限制了其应用潜力评估。本书关注氧化镓功率器件的电学性能和温度稳定性，涉及的关键模型包括能带模型、迁移率模型、热导率模型、产生-复合模型和非完全电离模型等。在Sentaurus TCAD的材料库中虽然提供了部分氧化镓模型，但相关参数设置仍需进行完善以便于后续仿真分析。

本节根据文献报道的实验结果进行拟合验证以确定合适的仿真模型，并进一步完善了氧化镓材料模型用于后续仿真优化设计。对于明确报道的模型参数，本节将给出基于仿真软件Sentaurus TCAD进行的参数设置；对于未在文献报道中明确的模型参数，特别是在第三、四、五章对具体结构进行仿真时，都是基于实验数据并加入陷阱等非理想因素进行拟合的，之后各章介绍仿真部分时不再强调拟合过程。

1. 能带模型

根据公式（2-1）所示的Varshni方程，β-Ga_2O_3禁带宽度E_g(T)随温度增加而缩窄（BandGapNarrowing model），其中参数$\alpha = 4.45 \times 10^{-3}$ eV/K和$\beta = 2.0 \times 10^3$ K。温度$T = 0$ K时的禁带宽度$E_g(0) = 5.0243$ eV，常温下禁带宽度约为4.85 eV。此外，其相对介电常数通常设置为10。

$$E_g(T) = E_g(0) - \frac{\alpha T^2}{T+\beta} \tag{2-1}$$

2. 迁移率模型

氧化镓的迁移率是影响器件性能的关键参数，其受多种因素的影响，在本书第三、四、五章所进行的Sentaurus TCAD仿真中，主要考虑的迁移率模型包括声子散射模型、电离杂质散射模型和高场饱和速度模型。

声子散射模型仅受到晶格温度T的影响，随温度增加而散射增强，也称为恒定迁移率模型（ConstantMobility model），电子和空穴迁移率μ_{const}随温度的变化如公式（2-2）所示。根据文献[64]和当前工艺水平，通常将常温下β-Ga_2O_3外延层的电子和空穴迁移率μ_L分别设置为120 $cm^2 \cdot V^{-1} \cdot s^{-1}$和50 $cm^2 \cdot V^{-1} \cdot s^{-1}$，参数$\xi = 1.5$。

$$\mu_{const} = \mu_L \left(\frac{T}{300\ K}\right)^{-\xi} \tag{2-2}$$

电离杂质散射对迁移率的影响在Sentaurus TCAD库中可由Masetti、UniBo、Arora等多种掺杂依赖模型给出。其中，Masetti模型是Si基器件仿真的默认模型，UniBo模型是基于Masetti的扩展模型。由于已知的β-Ga_2O_3基器件仿真文献均采用且给出掺杂依赖模型Arora（DopingDependence（Arora）model）的相关参数，因此本书仿真中也采用Arora模型，如公

式（2-3）所示。

$$\mu_{dop}=\mu_{\min}+\frac{\mu_{\mathrm{d}}}{1+\left(\dfrac{N_{\mathrm{A},0}+N_{\mathrm{D},0}}{N_0}\right)^{A^*}} \tag{2-3}$$

其中，参数$\mu_{\min}$、μ_{d}、N_0和A^*均为温度T的函数，可进一步由公式（2-4）至（2-7）表示。根据文献［65］提供的实验结果进行拟合得到的电子相关参数为：$A_{\min}=57.04\ \mathrm{cm^2/V\cdot s}$、$\alpha_{\mathrm{m}}=-1.39$、$A_{\mathrm{d}}=89.14\ \mathrm{cm^2/V\cdot s}$、$\alpha_{\mathrm{d}}=-2.87$、$A_{\mathrm{N}}=4.86\times10^{17}\ \mathrm{cm^{-3}}$、$\alpha_{\mathrm{N}}=1.72$、$A_{\alpha}=1$和$\alpha_{\alpha}=0$。而空穴的相关实验结果不足以完全进行校准，因此参考了文献［66-67］的设置方式，除了$A_{\min}=8\ \mathrm{cm^2/V\cdot s}$和$A_{\mathrm{d}}=10\ \mathrm{cm^2/V\cdot s}$，其他参数与电子设置相同。

$$\mu_{\min}=A_{\min}\cdot\left(\frac{T}{300\ \mathrm{K}}\right)^{\alpha_{\mathrm{m}}} \tag{2-4}$$

$$\mu_{\mathrm{d}}=A_{\mathrm{d}}\cdot\left(\frac{T}{300\ \mathrm{K}}\right)^{\alpha_{\mathrm{d}}} \tag{2-5}$$

$$N_0=A_{\mathrm{N}}\cdot\left(\frac{T}{300\ \mathrm{K}}\right)^{\alpha_{\mathrm{N}}} \tag{2-6}$$

$$A^*=A_{\alpha}\cdot\left(\frac{T}{300\ \mathrm{K}}\right)^{\alpha_{\alpha}} \tag{2-7}$$

高场饱和速度模型（high fielddepen dence model）由驱动力模型、实际迁移率模型与速度饱和模型构成。驱动力模型采用默认的GardQuasiFermi模型，即驱动力F_{hfs}为电场的绝对值。实际迁移率模型根据如式（2-8）所示的Caughey-Tomas公式设置，其中参数β为温度的函数且表示如公式（2-9），电子和空穴的α值都为0，其他参数值为：电子的$\beta_0=1.1$和$\beta_{\exp}=0.66$；空穴的$\beta_0=1.213$和$\beta_{\exp}=0.17$。根据速度饱和模型，载流子的饱和速度随温度的变化由公式（2-10）进行定义；根据文献[68]，电子和空穴采用的参数值均为$v_{\mathrm{sat},0}=2.5\times10^7\ \mathrm{cm/s}$和$v_{\mathrm{sat,exp}}=0.87$。

综上，根据Masetti规则，最终获得的迁移率μ由三个子模型的迁移率共同决定，如公式（2-11）所示。

$$\mu_{\text{highf}}=\frac{(\alpha+1)\mu_{\text{low}}}{\alpha+\left[1+\left(\frac{(\alpha+1)\mu_{\text{low}}F_{\text{hfs}}}{v_{\text{sat}}}\right)^{\beta}\right]^{1/\beta}} \tag{2-8}$$

$$\beta=\beta_0\left(\frac{T}{300\text{ K}}\right)^{\beta_{\exp}} \tag{2-9}$$

$$v_{\text{sat}}=v_{\text{sat},0}\left(\frac{300\text{ K}}{T}\right)^{v_{\text{sat,exp}}} \tag{2-10}$$

$$\frac{1}{\mu}=\frac{1}{\mu_{\text{const}}}+\frac{1}{\mu_{\text{dop}}}+\frac{1}{\mu_{\text{highf}}} \tag{2-11}$$

3. 热导率模型

采用的热导率 κ 模型如公式（2-12）所示，但Sentaurus TCAD材料库仅提供kappa值。在第五章中仿真研究器件电学特性随温度的变化，根据文献［69］的测试结果进行拟合，将热导率模型（ThermalConductivity model）参数校准为kappa = 0.69334、kappa_b = −0.00229和kappa_c = 0.0000023。

$$\kappa=\text{kappa}+\text{kappa\_b}\cdot T+\text{kappa\_c}\cdot T^2 \tag{2-12}$$

4. 产生-复合模型

氧化镓功率器件的电学性能受到产生-复合模型的影响，因此需进行完善以保证仿真的准确性。Sentaurus TCAD提供多种产生模型和复合模型，本书根据文献和拟合情况，在仿真时所选择的产生模型为雪崩碰撞电离模型，复合模型为间接复合模型。

雪崩碰撞电离模型中采用vanOverstraeten模型（Avalanche（vanOverstraeten）model）描述碰撞电离率α，如公式（2-13）所示，其中参数 F_{average} 为平均电场。

$$\alpha=\gamma a\exp\left(-\frac{\gamma b}{F_{\text{average}}}\right) \tag{2-13}$$

根据文献［65］，对电子和空穴均设置$a = 7.06\times10^5\ \text{cm}^{-1}$，$b = 2.1\times10^7\ \text{V/cm}$。参数$\gamma$反映声子散射的影响，如公式（2-14）所示。

$$\gamma=\frac{\tanh\left(\frac{\hbar\omega_{op}}{2kT_0}\right)}{\tanh\left(\frac{\hbar\omega_{op}}{2kT}\right)} \tag{2-14}$$

其中，声子能量$\hbar\omega_{op}=0.063\ \text{eV}$。

间接复合模型采用通过缺陷能级进行复合的SRH（Shockley-Read-Hall）模型，其复合率与载流子寿命、掺杂浓度、陷阱能级与本征能级差值有关，其中载流子寿命的影响因素包括掺杂、温度和电场。受限于相关文献实验数据的缺乏，本书根据文献［65］完善了掺杂依赖的SRH模型（SRH（DopingDependence）model）参数设置，如公式（2-15）所示。

$$\tau_{dop}=\tau_{min}+\frac{\tau_{max}-\tau_{min}}{1+\left(\frac{N_{A,0}+N_{D,0}}{N_{ref}}\right)^{\gamma}} \tag{2-15}$$

其中，电子和空穴均设置$\tau_{min}=0$ s、$N_{ref}=3\times10^{17}\ \text{cm}^{-3}$和$\gamma=0.3$，电子的$\tau_{max}=1\times10^{-9}$ s，空穴的$\tau_{max}=2\times10^{-10}$ s。

5. **非完全电离模型**

考虑到β-Ga_2O_3材料中的掺杂杂质电离能大于kT的情况，则电离施主的杂质浓度N_D可根据非完全电离模型（IncompleteIonization model）用公式（2-16）表述，其中施主电离能ΔE_D如公式（2-17）所示。

$$N_D=\frac{N_{D,0}}{1+g_D\frac{n}{N_C\exp\left(-\frac{\Delta E_D}{kT}\right)}} \tag{2-16}$$

$$\Delta E_D=\Delta E_{D,0}-\alpha_D\cdot\left(N_{A,0}+N_{D,0}\right)^{1/3} \tag{2-17}$$

当采用Sn作为施主杂质，可根据文献［70］，在Sentaurus TCAD中设置$\Delta E_{D,0}=0.052$ eV，杂质能级的简并度因子$g_D=2$，掺杂依赖转移参数$\alpha_D=3.398\times10^{-8}\ \text{eV}\cdot\text{cm}$。

6. **NiO相关模型设置**

Sentaurus TCAD的材料库中不包含NiO材料，因此在上述模型的基础上，根据相关文献修正部分NiO材料参数，包括：禁带宽度为3.7 eV，相对介电常数为9.1，空穴迁移率为0.1 $cm^2 \cdot V^{-1} \cdot s^{-1}$。此外，一般选择临界击穿电场为4.8～6.2 MV/cm作为NiO的击穿条件。所述NiO仿真设置仅用于第4.1.2节验证JBSD改善耐压的机理。

2.2 氧化镓功率器件典型耐压技术

为充分发挥氧化镓超宽禁带、高临界击穿电场的优势，缓解电场集中效应导致耐压远低于理论值的现象，改善缺乏有效P型氧化镓而难以采用常规结终端技术改善耐压的瓶颈问题，目前比较主流的几类典型耐压技术包括场板技术、鳍型技术、异质结技术和热氧化技术，在实现提高耐压的同时也可以改善氧化镓功率器件的其他电学性能。

2.2.1 场板技术

场板技术早已在Si和SiC等半导体功率器件中广泛应用[71-73]，其工艺简单易于实现且工艺兼容性高，并且可与其他结构兼容使用，主要包括金属场板、浮空场板和阻性场板，其中在氧化镓技术领域使用最多的是金属场板。本节简要介绍金属场板改善耐压的机理，并总结场板技术在氧化镓功率器件中的应用。

以氧化镓平面SBD为例，阳极金属边缘存在电场集中现象，使表面电场远高于体内电场，并且表面电场尖峰随着反向偏置增加而急剧增加，最终导致器件在阳极边缘发生提前击穿，以致其耐压远低于理论值。图2-1展示了基础场板结构及有/无场板的SBD表面横向电场E(x)对比。引入金属场板后，耗尽区部分正电荷发出的电力线终止于场板，有利于降低阳极边缘的表面电场尖峰，同时可以在场板末端引入新的电场峰值，如图2-1（b）所示，从而使耗尽区扩展且提高平均电场，有效改善器件耐压。

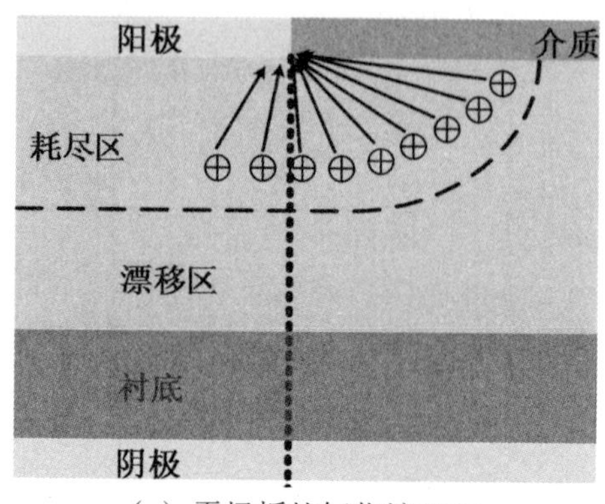

（a）无场板的氧化镓SBD

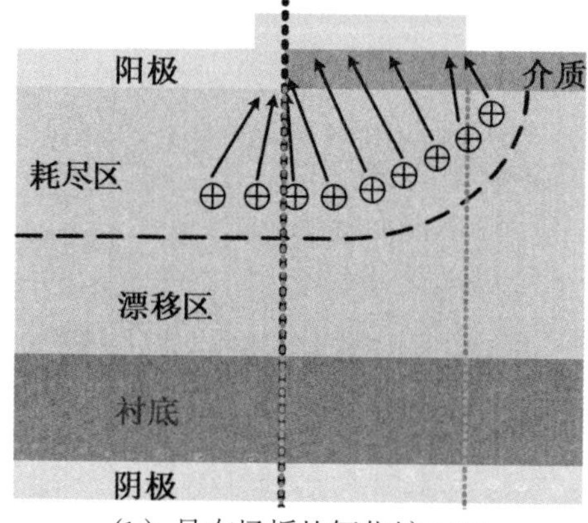

（b）具有场板的氧化镓SBD

E(x)
无场板
有场板
x

（c）有/无场板的SBD表面电场对比

图2-1　具有场板的器件结构示意图及表面电场对比

很多氧化镓功率二极管在报道新技术或新结构的基础上都结合了场板技术改善耐压，并在常规金属场板之外还进一步改进工艺实现了不同倾角的倾斜场板[49, 52, 74]。如图2-2（a）所示，倾斜场板使表面横向电场分布更趋于均匀，从而进一步提高击穿电压。而对于氧化镓功率FET，器件提前击穿的主要原因在于栅极漏端的高电场尖峰及大泄漏电流，因此栅场板和源场板技术被广泛应用于改善氧化镓功率FET栅极边缘的电场集中问题[34-35, 54, 56, 75-77]，如图2-2（b）所示。栅源场板分别与栅源极相连，在高反向偏置下均保持低电位，会吸引部分电力线从而缓解栅极边缘的电场集中以提高击穿电压。

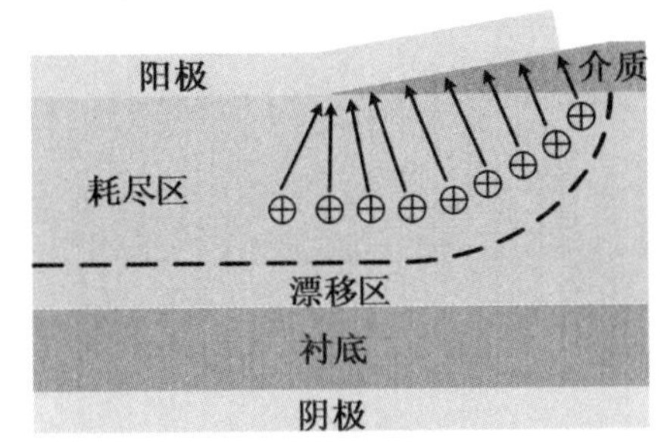

（a）具有倾斜场板的氧化镓功率二极管

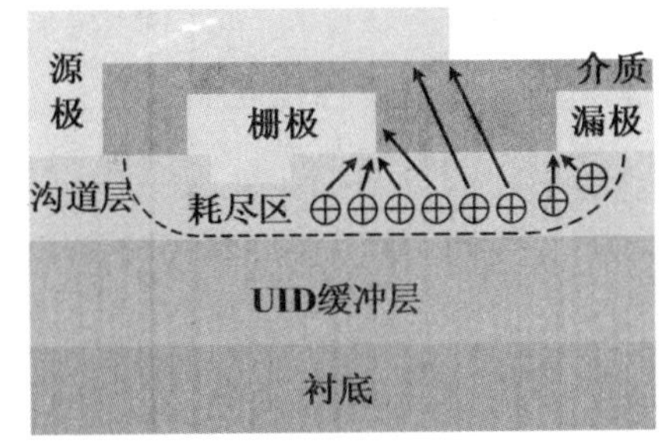

（b）具有栅源场板的氧化镓功率FET

图2-2　具有倾斜场板及栅源场板的器件结构示意图

2.2.2 鳍型技术

在功率半导体领域，Fin结构最早被提出是为了增加FinFET的沟道密度从而提高电流能力；而在氧化镓功率器件中[37-39, 78-79]，Fin结构则更多的是为了通过RESURF效应减小表面电场尖峰，从而改善耐压特性，也有用来实现阻断功能。本节以氧化镓SBD为例简要介绍Fin结构的RESURF效应机理，并总结当前鳍型技术在氧化镓功率器件的应用中存在的问题。

氧化镓SBD是一种高效整流器，其耐压通常受限于反向泄漏电流而不是雪崩击穿，增加肖特基势垒高度可以降低反向泄漏电流但会导致更大的开启电压。在不增加肖特基势垒高度的情况下，反向泄漏电流只能通过降低肖特基接触界面附近的电场峰值来控制。根据文献［80］的分析，功率SBD中确定耐压常用的反向泄漏电流密度标准为1 mA/cm²，此时常规氧化镓SBD的表面电场仅为1.8 MV/cm，电场峰值远小于氧化镓材料的临界击穿电场。

图2-3展示了氧化镓平面SBD与Fin SBD的纵向电场E(y)对比。由于泄漏电流的限制和一维的电场分布，常规平面SBD容易在漂移区表面出现电场尖峰而导致器件提前击穿，使得其有效功率优值将远远低于超宽禁带半导体的理论极限。为了减轻反向泄漏电流的影响，由于表面增强的散射效应，体内的击穿电场强度高于表面，故需要将位于肖特基接触界面附近的最大电场转移到器件体内更深处。Fin SBD通过RESURF效应降低了阳极肖特基接触界面附近的表面电场，使电场尖峰转移至体内，从而实现更高的耐压和更大的有效功率优值。

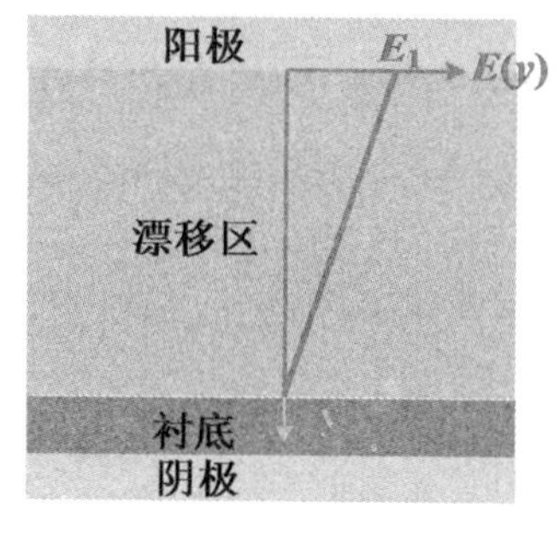

（a）平面SBD与

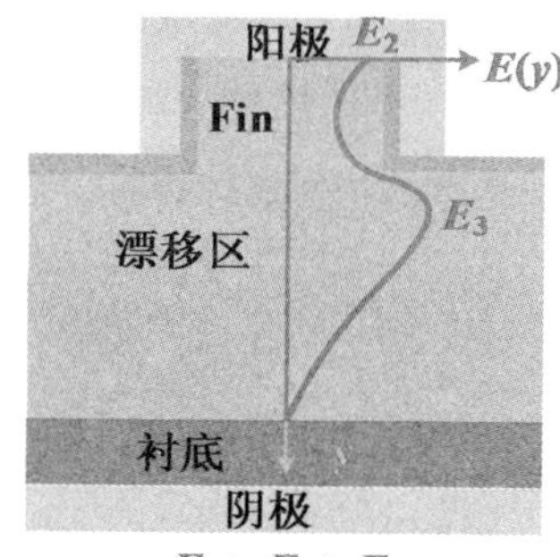

（b）Fin SBD的纵向电场对比

图2-3　有/无鳍型沟道的器件结构示意图

鳍型技术在氧化镓功率器件的应用发展历程及现状已在第一章进行详尽阐释，其能够有效减少反向泄漏电流并降低表面电场峰值，提高耐压和功率优值。然而，FinFET的高阈值电压不可避免地导致高反向导通电压以致逆导损耗增加，Fin结构通常也会使得二极管开启电压增加，增加导通损耗并且在Fin沟道拐角处受到电场集中的影响使器件提前击穿，限制了其在高功率低损耗电力电子应用中的最终潜力，仍有待改进。

2.2.3 异质结技术

由于当前仍缺乏有效的氧化镓P型掺杂技术，这给氧化镓功率器件的发展带来一定限制：其一，常规结终端技术不适用，导致器件耐压远低于理论值；其二，FET器件多为耗尽型且阈值电压负值很大，以致其驱动电路设计困难。需要开发有效的P型掺杂技术，或采用NiO等其他P型氧化物。对于氧化镓功率器件研究领域，则更多地关注通过异质结技术优化器件结构。异质结技术在氧化镓功率器件中的主流应用可分为以下三类。

① 用于终端设计如结终端扩展技术[49, 51-52]［见图2-4（a）］；

② 利用异质PN结制备氧化镓HJD或JBSD器件[50, 81]［见图2-4（b）］；

③ 用于制备氧化镓HJFET器件[57-58]［见图2-4（c）］。

本节以P型NiO为例简要介绍异质结技术及其在这三类应用中的作用。

NiO是一种本征P型材料，禁带宽度为3.6 eV～4.0 eV且具有较高的临界击穿电场，其迁移率极低且可以和β-Ga_2O_3形成高势垒的异质PN结。在氧化镓技术领域，目前生长NiO的主流方法是磁控溅射，该方法可以在低温环境下实现，且均一性较好、易于控制NiO厚度、可以实现较高P型掺杂浓度，但热稳定性会比较差。另外还可以通过Ni金属自氧化工艺生长NiO，这种方法获得的NiO层P型掺杂浓度较低但热稳定性更好。

正是由于NiO的低迁移率，图2-4（a）所示的结终端扩展结构会具有远大于正向导通电阻的高横向扩散电阻，且NiO层可以延伸至器件边缘以进一步降低阳极边缘的电场峰值，而不会因此影响器件之间的电气隔离；同时，由于NiO/β-Ga_2O_3异质结的高势垒，阳极以外的区域几乎不会参与导电，也有助于实现相邻器件之间的良好隔离。另外，结终端扩展结构可与其他终端结构兼容使用，是异质结技术的一种很有潜力的应用方法。

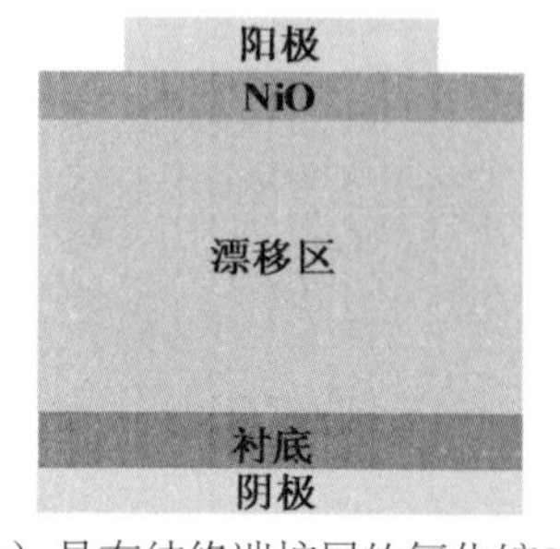

（a）具有结终端扩展的氧化镓HJD

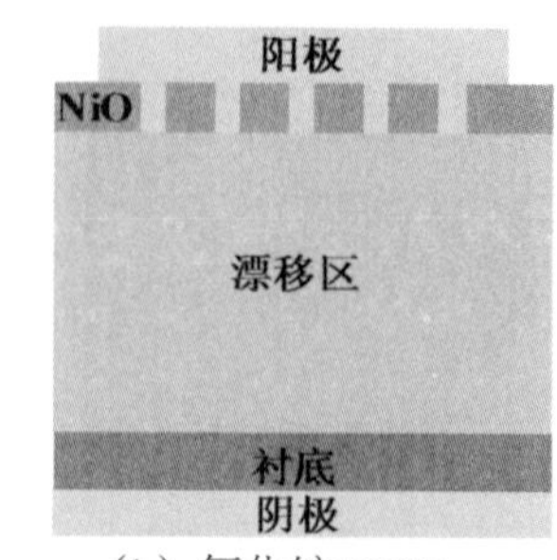

（b）氧化镓JBSD

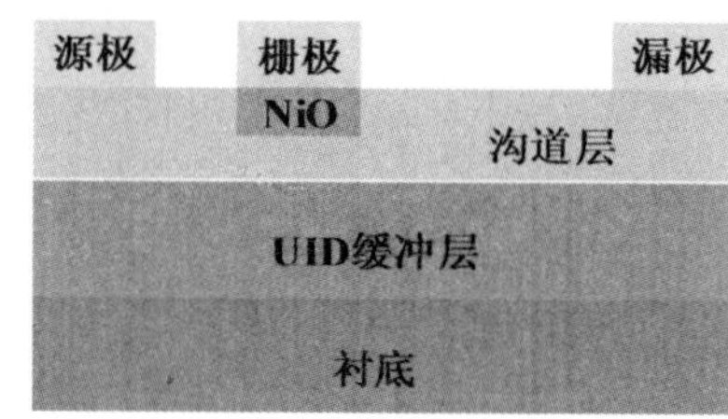

（c）氧化镓HJFET

图2-4　具有异质结的器件结构示意图

常规氧化镓JBSD和HJFET结构如图2-4（b）、（c）所示。氧化镓JBSD也通过异质结技术缓解了反向泄漏电流与表面最大电场的限制关系，结合了SBD正向导通电压小和PN结二极管正向电流容量大、反向耐压高的优点，从而获得比SBD更低的泄漏电流和更高的击穿电压。在氧化镓HJFET中，栅极与沟道层之间的NiO区用于增强对导电沟道的耗尽作用，从而减小阈值电压的负值，甚至实现增强型器件，但耗尽作用的增强会使器件的正向导通特性退化。

2.2.4　热氧化技术

作为化合物半导体，氧化镓材料在生长过程中会不可避免地产生镓空位和氧空位缺陷，其中氧空位呈现施主特性。大量的施主缺陷氧空位提供电子，使有源区电子浓度提高，这不利于器件实现高耐压。热氧化技术是改善这一问题的有效方法，且工艺简单易于实现。

在热氧化过程中，环境中的氧气在高温下扩散到氧化镓中，会减少与氧空位相关的施主数量，从而实现体内载流子补偿的效果[82-84]。日本东京工业大学研究了热氧化温度、时间、有/无掩膜对样品*C-V*曲线的影响[85]，如图2-5所示，漂移区有效载流子浓度可以通过*C-V*曲线提取计算。随热氧化温度升高和时间增加，氧气的扩散增强，因而热氧化工艺降低载流子浓度的效果增强且受热氧化影响的区域厚度增加，甚至在1100℃高温下晶圆表面附近会形成半绝缘层；另一方面，当表面存在SiO_2层作为掩膜时，氧气的扩散会明显受到抑制，以上效应削弱。

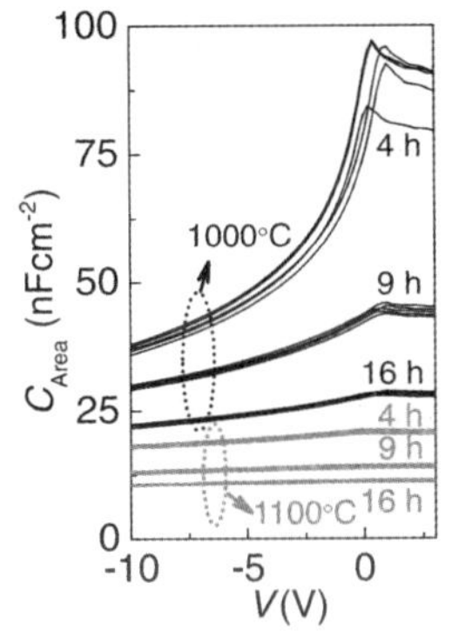

(a) 热氧化时间和温度对*C-V*曲线的影响

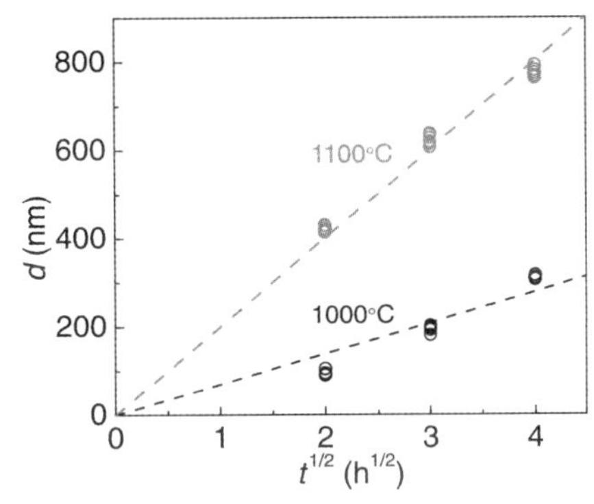

(b) 热氧化时间对热氧化区厚度的影响

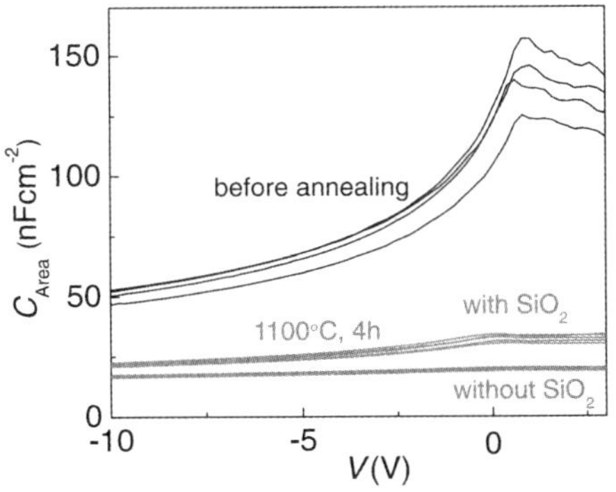

(c) 掩膜对*C-V*曲线的影响

图2-5 热氧化技术示意图[85]

2.3 氧化镓功率器件典型性能测试技术

本节简要介绍对所研制的氧化镓功率二极管进行测试分析时所用到的几类典型性能测试技术及相关设备测试方法，包括*I-V*测试、*C-V*测试、反向恢复测试、整流测试、热阻测试、电热应力测试、高温存储测试。

实验样品的正反向*I-V*和*C-V*特性主要由功率器件分析仪/曲线示踪仪Keysight B1505A完成测试，部分正向*I-V*测试结果由分立器件测试系统DTS-1000补充完善。其中，Keysight B1505A可通过Bias Tee模块独立完成多种频率下的*C-V*特性测试，且可精确设置电压和电流限制，易于在进行反向*I-V*特性测试时保护样品不被一次性损坏，但其在正向*I-V*测试中受限于电流单元而难以获得器件开启前的高精度电流值；DTS-1000可以通过编辑测试程序获得低正向偏置下的μA级较高精度电流数据，但在电流较大接近测试极限时会产生较大误差，给大功率器件的正向输出电流测试带来一定障碍。两设备在器件开启前后的小电流测试中几乎可以获得相同的结果，因此均用来测试器件样品，并结合相互测试结果进行校准以获得高准确性的正向*I-V*特性测试结果。

实验样品的反向恢复特性采用美国集成技术公司（Integrated Technology Corporation，ITC）的高集成度功率半导体分立器件动态参数测试仪ITC 57300，通过测试头ITC 57220及相应个性板进行反向恢复特性测试，测试原理电路为双脉冲电路，如图2-6所示：

① 控制信号的第一个脉冲使晶体管开启，电感*L*从直流电源*V*充电；

② 晶体管关断，在电感*L*的电流通过氧化镓二极管续流，电流为I_{fwd}，使二极管导通；

③ 第二个脉冲使晶体管再次开启，二极管从导通状态切换到截止状态从而进入反向恢复阶段。直流源电压*V*、电感*L*、电流I_{fwd}、电流变化率d*i*/d*t*

和脉宽等可以根据测试条件自行设置，利用动态测试仪监控该过程中反向恢复电流I_{rr}随时间的变化，从而分析不同测试条件对反向恢复时间T_{rr}、反向恢复电荷Q_{rr}及反向恢复峰值电流I_{rrm}的影响。

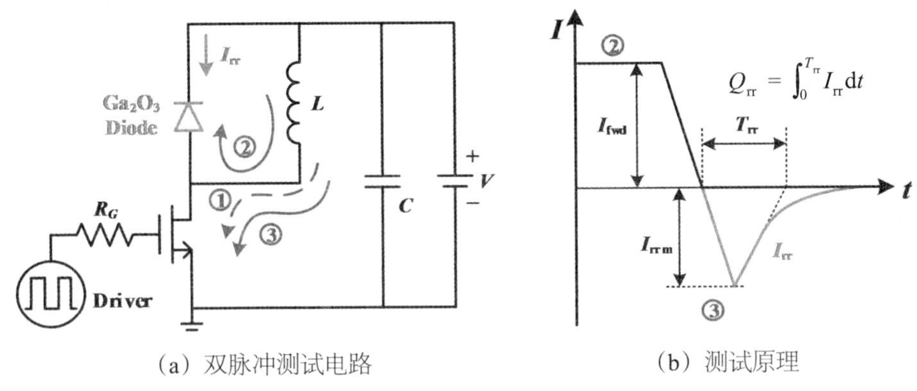

（a）双脉冲测试电路　　（b）测试原理

图2-6　反向恢复测试示意图

实验样品的整流测试电路为自行搭建，采用任意函数发生器（Arbitraty Function Generator，AFG）AFG3252输入正弦波信号，数字荧光示波器（Digital Phosphor Oscilloscope，DPO）DPO7104C采集输出信号，从而获得器件整流特性。正弦波信号的正半周信号使待测氧化镓二极管导通，负半周信号使二极管截止，从而在负载电阻上得到正半周信号。通过改变负载电阻、交流信号幅值和频率等测试条件，可根据测量得到的输出信号相较于输入信号的幅值和相位变化分析二极管在不同工作频率下的整流特性。

实验样品所测热阻值为结壳热阻，即从器件样品的工作部位到封装壳外表面的热阻，由热阻测试仪Phase12完成测量。由于正向小电流条件下结温与正向电压的变化量为线性关系，且该线性关系在较大温度范围内均成立，因此热阻测试基于二极管*I-V*特性原理进行，通过正向电压反映结温变化。简要过程如下所述。

① 将含有温度传感器的待测样品油浴加热至125℃（即结温）后自行散热至室温，其间每隔5℃采样一个压降值，根据结温-电压图的斜率获得温度校准系数K；

② 调用所测得的K系数结果，调节相应设置使功率（即电压、电流）增加，这同时会使结温增加，记录加温到125℃时对应的功率值；

③ 根据前一步获得的功率值进行设定，在芯片与控温台之间有/无硅脂（即双界面）的情况下进行两次测试，由于空气与硅脂的不同比热容会影响样品散热能力，因此可以得到存在分离现象的两条加热响应曲线，则两曲线开始分离时对应的热阻即为双界面法测得的准确热阻值。

实验样品的电热应力测试和高温存储测试采用分立器件老化试验系统BTR-E600提供电热应力。该系统的高温箱可以设置温度变化程序，在施加老化电压的同时可以开启监视并设置采样间隔时间进行定时检测，以获得整个老化过程中的电流值；在进行高温存储测试时可以选择不施加电应力。之后可结合上述其他设备验证施加应力前后的器件性能变化。

2.4 本章小结

为实现仿真与实验结果的良好拟合，本章基于文献报道的实验结果，首先对Sentaurus TCAD中涉及的氧化镓仿真模型的关键参数设置进行校准，包括能带模型、迁移率模型、热导率模型、产生-复合模型、载流子输运模型和非完全电离模型；其次初步建立NiO仿真模型。为缓解氧化镓功率器件中电场集中效应引起提前击穿，导致耐压远低于理论值的现象，改善击穿时平均电场远低于临界击穿电场的瓶颈问题，本章总结了当前比较主流的几类典型耐压技术并分析了其改善耐压机理和应用方法，包括场板技术、鳍型技术、异质结技术和热氧化技术。最后，本章简述了氧化镓功率器件的静、动态电学特性和电热可靠性等几类典型性能测试方法及相关测试设备。这些关键仿真模型与典型技术方法为后续器件设计、仿真优化、实验研制与测试分析奠定技术基础和提供指导。

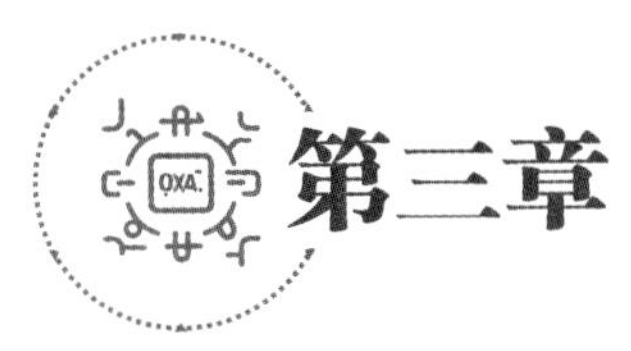

第三章

具有复合终端的氧化镓二极管机理分析与实验研制

氧化镓SBD是当前氧化镓功率二极管领域的研究热点之一，但存在电场集中效应和镜像力致肖特基势垒高度降低效应等，其耐压受限于大的反向泄漏电流，在发生提前击穿时其电场远小于临界击穿电场，导致氧化镓SBD击穿电压远低于理论极限的瓶颈问题，无法充分发挥氧化镓高临界击穿电场的优势。在探索新型终端技术缓解电场集中和抑制泄漏电流从而提升耐压方面，目前研究大多通过小尺寸器件的实验来验证。但氧化镓用于功率领域，也有大电流和大功率的应用场景，当前对新型终端技术在大尺寸氧化镓器件上的研究特别是对大功率器件的热稳定性研究较少。另外，氧化镓SBD作为单极器件，理论上可实现快速反向恢复，在高频和低功耗方面具有显著优势。因此在大功率应用中，除了高电压/大电流能力外，氧化镓SBD的动态性能也至关重要。

本章将重点围绕以上问题，提出具有复合场板的大功率氧化镓SBD结构，研究新型终端的工作机理，仿真分析各结构参数对器件性能的影响，进而研制实验样品，并对其正向导通特性、反向阻断特性、反向恢复特性、整流特性以及电热应力可靠性进行测试分析。

3.1 器件结构和工作机理

具有复合终端（Compound Termination，CT）的纵向氧化镓功率SBD（后续简称：CT SBD）的结构示意图如图3-1所示，其复合终端的结构特征包括：

①通过热氧化退火工艺形成的热氧化终端；

②在终端区阳极边缘底部构造的空气空间结合金属场板形成的空气空间场板（Air Space Field Plate，ASFP）。

新结构的基本结构参数为：外延层厚度为7 μm，双层介质SiO_2和SiN_x的厚度分别为20 nm和300 nm，阳极直径为1 000 μm。

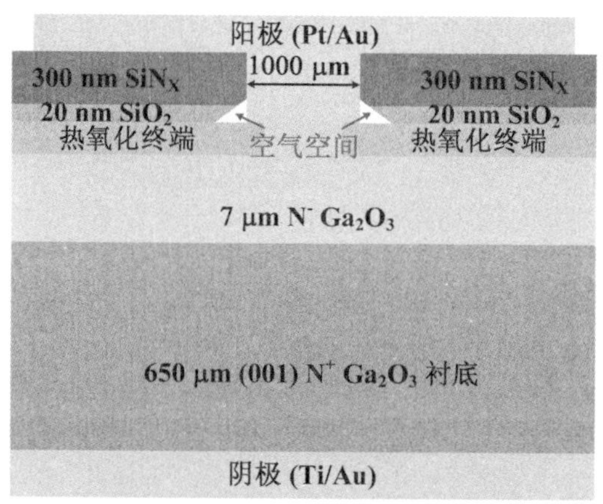

图3-1　CT　SBD结构示意图

新型复合终端的作用机理按不同结构特征分述如下。

1. 热氧化终端通过氧退火处理工艺形成，钝化了氧空位型界面态并补偿了相应的表面电荷，从而降低了净载流子浓度，其作用如下所述。

① 界面态密度的降低使肖特基势垒宽度增加，表面电荷的补偿使肖特基势垒高度增加，从而改善反向漏电特性，有助于提高耐压；

② 在反向恢复过程中进行充放电的表面电荷减少，可改善反向恢复特性；

③ 净载流子浓度的降低可以调制电场分布并减小表面峰值电场，从而进一步提高器件耐压。

2. 由空气空间结构和金属场板组成的ASFP结构的作用如下所述。

① 空气空间将阳极底部具有高密度界面态的介质/β-Ga_2O_3界面分隔开，并切断阳极底部界面电荷的充放电路径，从而抑制反向泄漏电流并改善器件的反向恢复特性；

② 由于空气和SiO_2的界面处介电常数发生突变，在空气空间边缘引入新的电场尖峰，从而减小阳极底部的电场峰值且抑制反向泄漏电流；

③ 金属场板进一步调制电场分布并提高击穿电压。

3.2 器件结构优化理论及电场参数仿真优化

3.2.1 器件结构电场优化理论

本节基于高斯定律和一维泊松方程分析理论上新型复合终端的空气空间结构和热氧化终端对阳极边缘表面电场的优化作用。

对于采用SiO_2介质的无热氧化终端和空气空间结构的常规SBD，假设其β-Ga_2O_3漂移区中的表面电场为E_0。根据一维泊松方程，漂移区中电场沿纵向y坐标的分布如表达式（3-1）所示。

$$\frac{\mathrm{d}E_0}{\mathrm{d}y}=\frac{q}{\varepsilon_{\mathrm{GaO}}}\left(p-n+N_{\mathrm{D}}-N_{\mathrm{A}}\right) \tag{3-1}$$

根据高斯定律，在SiO_2/β-Ga_2O_3界面处，E_0和SiO_2中的电场E_{SiO}的关系如表达式（3-2）所示。

$$E_{\mathrm{SiO}}\cdot\varepsilon_{\mathrm{SiO}}=E_0\cdot\varepsilon_{\mathrm{GaO}} \tag{3-2}$$

式中，ε_{SiO}和ε_{GaO}分别为SiO_2和β-Ga_2O_3的介电常数。

热氧化终端可降低净载流子浓度，即可使耗尽区中电离施主杂质浓度降低。假设所降低的浓度值为N_{DO}，而热氧化终端使漂移区中的表面电场降低为E_1，则E_1沿纵向y坐标的分布如表达式（3-3）所示。

$$\frac{dE_1}{dy}=\frac{dE_0}{dy}-\frac{q}{\varepsilon_{GaO}}N_{DO} \tag{3-3}$$

对于具有空气空间结构而无热氧化终端的器件结构，假设空气空间结构使漂移区中的表面电场降低为E_2，则理论上空气中的电场E_{Air}和E_2的关系可根据高斯定律表达为公式（3-4）。

$$E_{Air}\cdot\varepsilon_{Air}=E_2\cdot\varepsilon_{GaO} \tag{3-4}$$

为便于比较不同介质SiO_2和空气空间对漂移区表面电场的调制作用，假设$E_{SiO}=E_{Air}$的情况，此时耗尽区厚度为y_0。从而结合表达式（3-2）和（3-4），相较于SiO_2介质，空气空间结构对表面电场的调制作用进一步优化，如表达式（3-5）所示。

$$E_2=E_0-\frac{\varepsilon_{SiO}-\varepsilon_{Air}}{\varepsilon_{SiO}}\cdot E_0 \tag{3-5}$$

综上，相较于仅具有SiO_2介质的常规SBD，新型复合终端对β-Ga_2O_3漂移区中表面电场分布的优化作用理论上可表述为式（3-6）。

$$E_{CT}=E_0-\frac{\varepsilon_{SiO}-\varepsilon_{Air}}{\varepsilon_{SiO}}\cdot E_0-\int_0^{y_0}\frac{q}{\varepsilon_{GaO}}N_{DO}\,dy \tag{3-6}$$

其中，E_{CT}为优化后的电场。

3.2.2 器件结构参数仿真优化

本节通过Sentaurus TCAD对CT SBD的机理进行仿真验证，并仿真优化设计结构参数。为分别体现空气空间结构和热氧化终端的作用，设计了具有热氧化终端和常规金属场板（Conventional Field Plate，CFP）但无空气空间结构的CFP SBD结构，以及具有空气空间结构但无热氧化终端的ASFP SBD结构。仿真结果表明新型复合终端能够有效缓解电场集中并优化表面电场分布，有助于提高器件耐压，且与CFP SBD和ASFP SBD结构保持几乎一致的正向导通性能。

图3-2展示了CT SBD和CFP SBD结构在反偏电压为400 V时的电场E的分布图，其中A点与B点分别代表阳极金属边缘与空气空间边缘处位置。三种不具有空气空间的CFP SBD结构的区别在于具有不同的介质层材料，分别为具有双层介质SiO_2和SiN_x、具有单层SiN_x介质和单层SiO_2介质。如图3-2所示，对于未形成空气空间的常规场板结构，在SBD的阳极金属边缘A点处形成很大的电场尖峰，这是由于在β-Ga_2O_3表面沉积介质层后，介质/β-Ga_2O_3界面会产生大量陷阱或积累大量电子。可以看到，采用单层SiO_2或SiN_x介质层以及采用SiN_x/SiO_2双层介质的CFP SBD在A点处的电场尖峰（电场峰值标注在A点右侧）明显大于具有空气空间的ABFP SBD结构。这是一方面是由于空气空间的形成可以使阳极金属与介质/β-Ga_2O_3界面分离，减少高密度界面态，从而降低阳极金属边缘处的电场尖峰；另一方面，根据高斯定律，最大电场出现在介电常数相对较低的介质中，由于空气的介电常数小于介质材料的介电常数，因此空气空间结构比介质层更有效抑制氧化镓中的表面电场峰值。同时，具有空气空间的CFP SBD还会在空气桥边缘B点（如图3-2（a）所示）引入另一个电场尖峰，从而提高平均电场，有助于改善器件耐压。

当施加反向偏置为400 V时，CT SBD中A点处的电场峰值为6.1MV/cm。在该峰值电场下，CFP SBD（SiN_x/SiO_2）、CFP SBD（SiN_x）、CFP SBD（SiO_2）的对应反向偏置V_R分别为120 V、145 V和80 V，四种SBD的表面电场分布如图3-3所示。

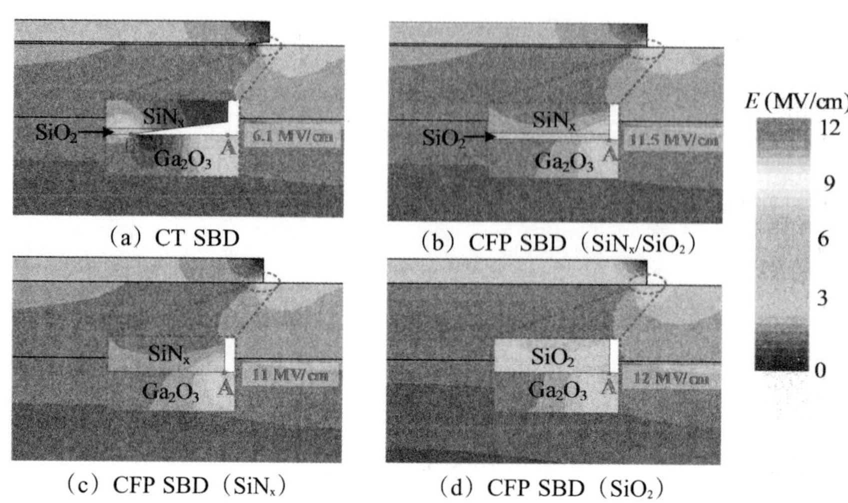

（a）CT SBD　（b）CFP SBD（SiN$_x$/SiO$_2$）

（c）CFP SBD（SiN$_x$）　（d）CFP SBD（SiO$_2$）

图3-2　反向偏压400 V时四种SBD结构的电场分布仿真

图3-3显示出空气空间对于缓解阳极金属边缘A点处的电场具有优良作用，适合用于高耐压器件应用。同时，具有空气空间结构的CT SBD在B点处还引入一个4.5 MV/cm的峰值电场，电场分布得到优化且平均电场大大提高。另外，对四种SBD结构的正向导通特性进行了对比，发现其具有相同的开启电压V_{on}且正向I-V曲线几乎完全重合。

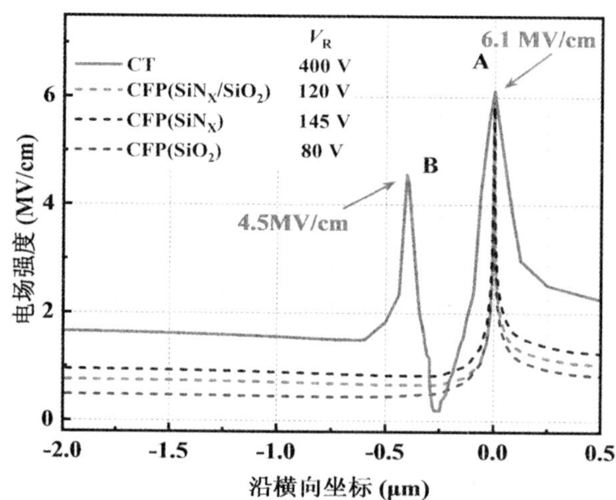

图3-3　A点处电场峰值为6.1 MV/cm时四种SBD结构的电场分布

对空气空间的宽度L_a与高度h_a进行仿真研究发现，其大小几乎不会对器件的正向导通性能产生影响。因此根据实验工艺设置高宽比的长高比h_a/L_a为0.14，即空气空间角度φ保持不变，研究不同大小空气空间对CT SBD反向阻断特性的影响。设置L_a = 0.2 μm / 0.3 μm / 0.4 μm / 0.5 μm的四种情况，其结构及电场分布如图3-4（a）～（d）所示，四种情况下A点与B点的电场值如图3-4（e）所示。仿真结果显示，在保持φ不变的情况下增大空气空间，则A点处的电场峰值降低，而B点处电场峰值会有所提高，甚至可以超过A点电场。因此在反向阻断情况下，A点和B点处的电场峰值存在折中关系，其中当L_a = 0.4 μm时两处电场峰值均较低，说明此时空气空间对电场分布的优化作用更显著。

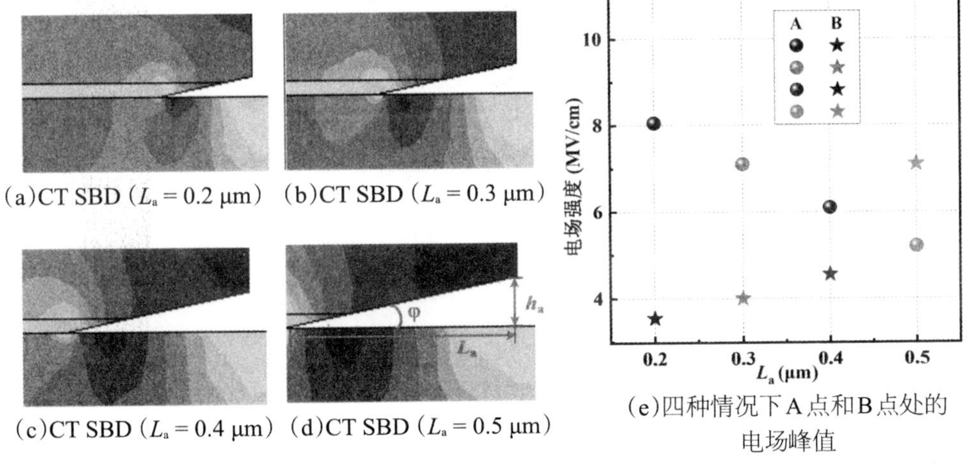

（a）CT SBD（L_a = 0.2 μm）（b）CT SBD（L_a = 0.3 μm）
（c）CT SBD（L_a = 0.4 μm）（d）CT SBD（L_a = 0.5 μm）
（e）四种情况下A点和B点处的电场峰值

图3-4 反向偏压400V时空气空间大小对电场的影响

图3-5展示了CT SBD及对比结构ASFP SBD和CFP SBD（SiN_x）在相同反向偏置为200 V时的表面电场分布。与ASFP SBD相比，CT SBD还具有热氧化终端，这使其在A点处的电场峰值E_A降低约16%；与CFP SBD（SiN_x）相比，CT SBD还具有空气空间结构，这使其在A点处的电场峰值E_A降低约28%。因此，在改善阳极底部电场分布并抑制表面电场峰值方面，空气空间结构具有比热氧化终端更显著的作用。

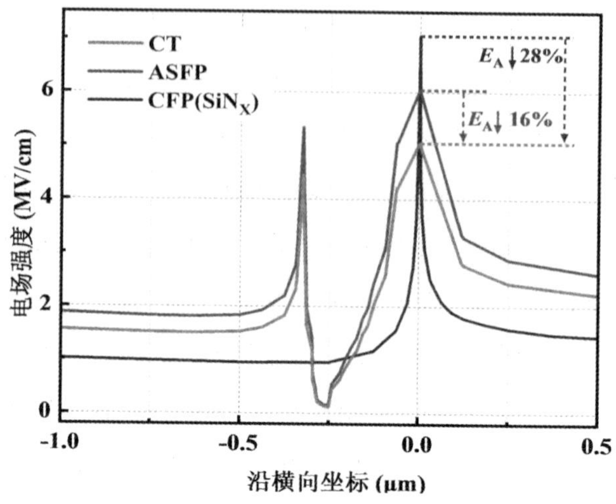

图3-5　反向偏置为200 V时三种SBD结构的电场分布

3.3 器件研制与测试分析

3.3.1 器件研制工艺流程

本节对上述具有新型复合终端的氧化镓SBD进行实验研制，制备过程基于HVPE纵向外延片，其中N^+ β-Ga_2O_3衬底厚度为650 μm、掺杂浓度为1×10^{20} cm^{-3}，N^- β-Ga_2O_3漂移区厚度为7 μm、掺杂浓度为3.7×10^{16} cm^{-3}。为实现该CT SBD结构，设计的工艺流程将在下面简要给出，下面重点介绍实验过程中的关键工艺步骤。

1. 形成SiO_2保护层

首先，多次用丙酮、异丙醇和去离子水进行清洗，去除表面有机杂质，然后进行HCl和BOE（缓冲氧化物刻蚀液）超声清洗，去除表面氧化物，以此降低肖特基金属/β-Ga_2O_3界面态，获得较为理想的肖特基接触；其次，采用等离子体增强化学气相沉积（plasma enhanced chemical vapor deposition，PECVD）方法淀积500 nm SiO_2层；最后，在光刻结束后采用BOE溶液刻蚀去除终端区的SiO_2部分，留下SiO_2保护层，如图3-6所示。

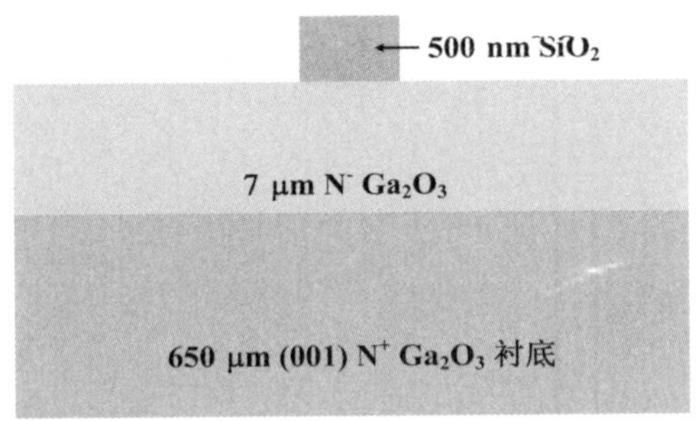

图3-6　SiO_2保护层形成示意图

2. **形成终端热氧化区**

首先，在O_2氛围中进行热退火，其中工艺温度和时间分别为400℃和30分钟，从而没有被SiO_2保护层覆盖的漂移区表面会被热氧化，如图3-7（a）所示；其次，采用BOE溶液刻蚀完全去除SiO_2保护层，从而形成如图3-7（b）所示的局部热氧化区域。

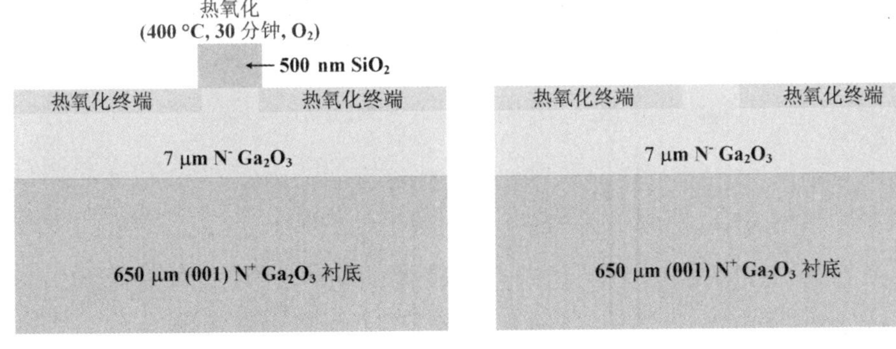

（a）热氧化处理工艺　　（b）去除SiO_2保护层

图3-7　热氧化区域形成示意图

3. **形成SiN_x/SiO_2双钝化层**

首先，采用HCl和BOE溶液以及去离子水进行清洗去除表面杂质；其次，采用PECVD方法依次淀积20 nm SiO_2层和500 nmSiN_x层，工艺温度设置为350℃，形成结构如图3-8（a）所示；最后，在N_2氛围中进行热退火，其中工艺温度和时间分别为450℃和20分钟，以形成高质量SiN_x/SiO_2双钝化层，如图3-8（b）所示。钝化层质量是决定场板作用的关键因素，通过优化PECVD的淀积功率、压强以及气氛比例等工艺条件，获得高质量SiN_x/SiO_2双钝化层。

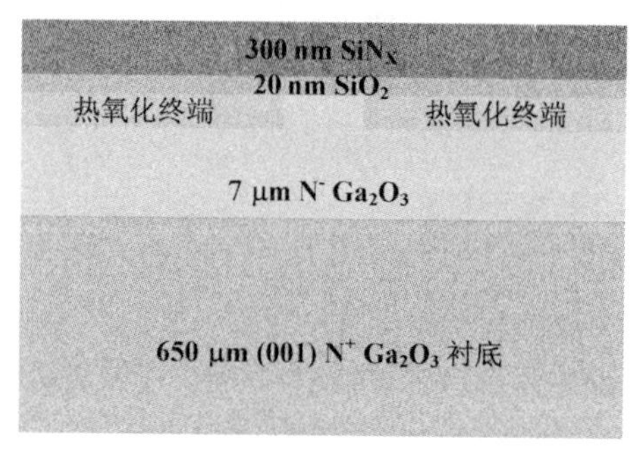

（a）淀积双钝化层

（b）热退火增加钝化层致密度

图3-8　SiN_x/SiO_2层形成示意图

实验过程中发现介质与β-Ga_2O_3界面存在严重的界面态问题，导致明显的电场集中和较大的反向泄漏电流，为了降低介质/β-Ga_2O_3界面态对阳极边缘电场集中效应和泄漏电流的影响，引入SiN_x/SiO_2双层介质以便于后续工艺实现空气空间。基于器件研制的当前工艺，SiO_2与β-Ga_2O_3的界面相对于其他介质材料更好，因此选择SiO_2作为第一层介质；并且，为进一步改善耐压并在后续的湿法刻蚀工艺中实现有效的空气空间结构长高比，采用SiN_x作为第二层介质。

4. 形成阴极金属

采用电子束蒸发工艺依次淀积厚度为20 nm金属Ti和200 nm金属Au，形成如图3-9所示的阴极欧姆接触，并在N_2氛围中进行热退火，工艺温度和时间分别为450℃和60 s。

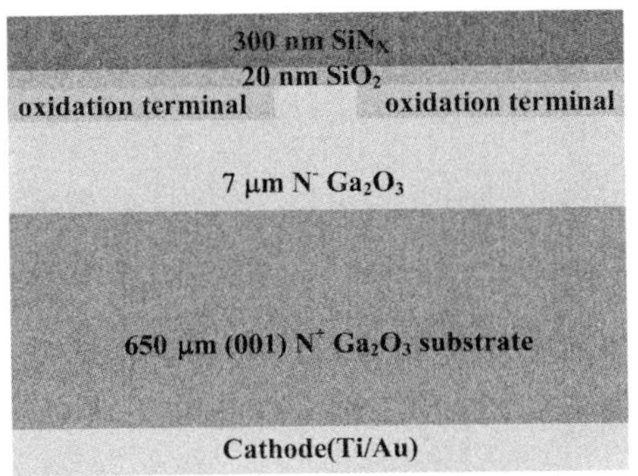

图3-9　阴极欧姆接触金属形成示意图

5. 形成空气空间

首先，通过反应离子刻蚀（Reactive Ion Etching，RIE）形成1 000 μm直径的阳极窗口，如图3-10（a）所示，窗口底部大约留10 nm的SiO_2残余量避免过刻蚀造成损伤；其次，采用稀释的BOE溶液（BOE：H_2O=1：5）进行湿法刻蚀，同时也去除表面杂质并降低界面态，起到湿法修复的作用，有利于器件实现优良的正反向性能。由于SiO_2的湿法刻蚀速率远大于SiN_x的湿法刻蚀速率，从而在阳极边缘底部形成如图3-10（b）所示的空气空间结构。可以通过控制湿法刻蚀工艺时间来控制空气空间宽度L_a。

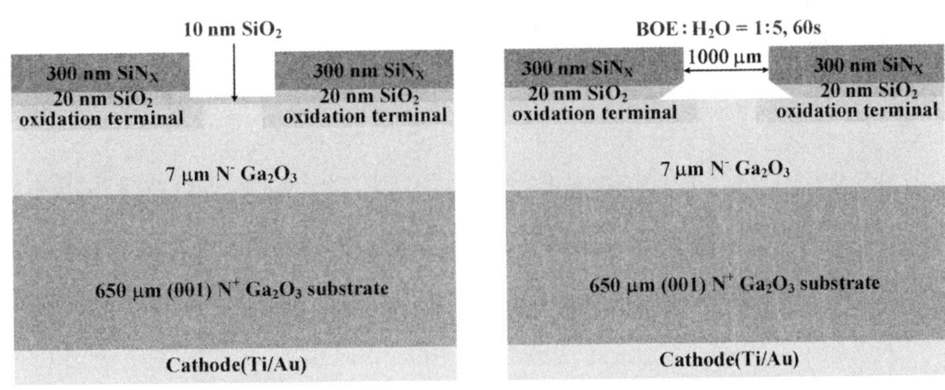

（a）RIE刻蚀窗口　　（b）湿法刻蚀工艺

图3-10　空气空间形成示意图

6. 形成阳极金属

采用沉积和剥离工艺形成阳极金属Pt/Au（50 nm/200 nm），同时在

SiN_x/SiO_2双钝化层上方形成金属场板，长度为15 μm。最终获得的器件结构如图3-1所示，实验样品的复合终端区域的扫描电子显微镜（Scanning Electron Microscope，SEM）图像如图3-11（a）所示，其中空气空间区域的SEM图像如图3-11（b）所示。最后将阳极和阴极金属加厚以防止器件在封装过程中性能退化。

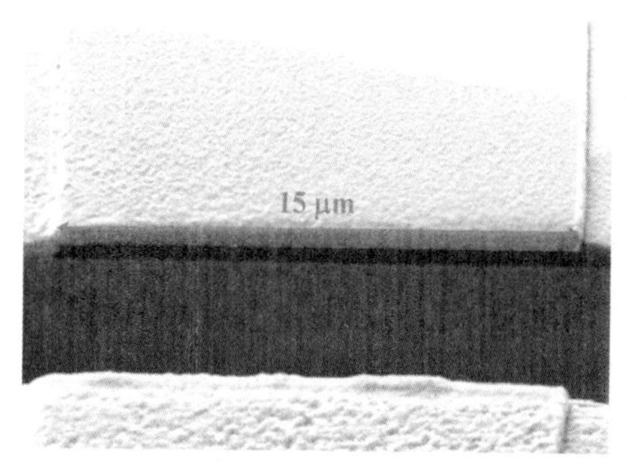

（a）复合终端

（b）空气空间

图3-11　CT　SBD实验样品SEM图

3.3.2 器件样品测试分析

本节实验验证了CT SBD结构的工作机理，对实验样品的静动态特性和热可靠性进行了研究分析，包括正向导通特性、反向阻断特性、反向恢复特性、整流特性以及电热应力测试。

氧化镓CT SBD的正向导通特性在300～500 K的环境温度T下进行测试。具体测试方法分为以下两种。

方法一，在每个温度下的测试完成后均将器件样品冷却至室温后再重新加热至下一测试温度，其在半对数坐标和线性坐标下的正向电流密度-电压（J_F-V_F）曲线及比导通电阻$R_{on,sp}$随温度T的变化如图3-12所示；

方法二，在每个温度下的测试完成后，器件样品继续加热升温至下一测试温度后再继续测试，由于相较于方法一的J_F-V_F曲线重合度较高且规律相同，此处不再展示方法二测得的J_F-V_F曲线，仅对提取计算后的理想因子n、势垒高度Φ_B和有效理查德森常数A^*的结果差异进行说明，见图3-13。

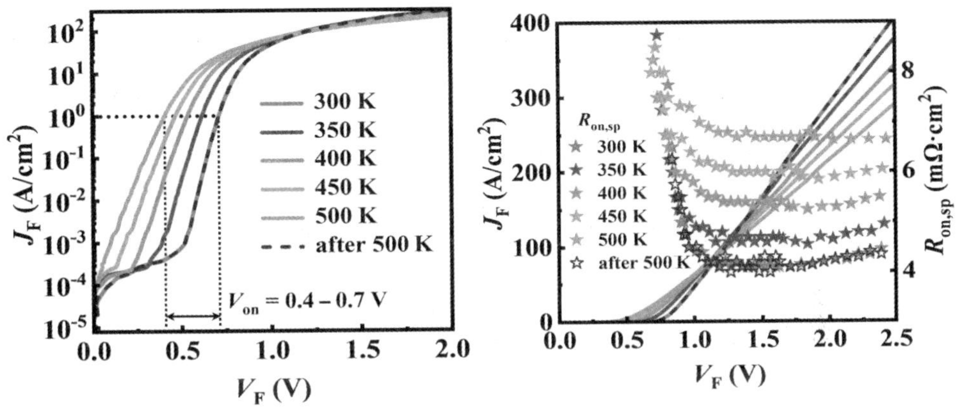

（a）半对数坐标下的J_F-V_F特性曲线　　（b）线性坐标下的J_F-V_F特性曲线

图3-12　CT SBD的J_F-V_F特性测试结果

本书开启电压V_{on}定义为电流密度为1 A/cm²时的正向电压。如图3-12所示，随着温度T从300 K升高至500 K，V_{on}从0.7 V降至0.4 V，这是由于温度升高时电子更易获得能量越过势垒，即具有通过肖特基势垒所需能量的电子数量增加；但温度升高使得电子迁移率降低，一方面使得$R_{on,sp}$从约4 mΩ·cm²增加至6.7 mΩ·cm²，另一方面，正向偏压为2.5 V时的输出电流从约400 A/cm²降至约300 A/cm²。根据外延层/衬底的厚度（7 μm / 650 μm）、掺杂浓度（2.5×10^{16} cm^{-3}/4×10^{18} cm^{-3}）和迁移率（140 cm^2·V^{-1}·s^{-1}/ 40 cm^2·V^{-1}·s^{-1}），可以计算出衬底电阻约为外延层电阻的两倍。因此，在T = 300 K时，衬底的电压降和比导通电阻约为0.47 V和2.7 mΩ·cm²，外延层的比导通电阻约为1.3 mΩ·cm²。

在500 K下的测试完成后，将器件样品恢复至室温，再次测得的J_F-V_F曲线与升温前300 K下的初始测试曲线几乎完全重合，说明短时间的高温不会影响CT SBD的正向导通性能。

CT SBD的正向电流密度J_F表达式可简化如式（3-7）所示。

$$J_F = J_S \cdot e^{\frac{qV_F}{nkT}} = A^* T^2 e^{-\frac{q\Phi_B}{kT}} \cdot e^{\frac{qV_F}{nkT}} \tag{3-7}$$

其中，k为玻尔兹曼常数，J_s为反向饱和电流密度。J_s在数值上可以通过拟合图3-12（a）中半对数坐标下$\ln J_F$-V_F曲线的线性区域获得，即将拟合直线反向延伸至正向偏压为0 V时对应的Y轴截距；对于β-Ga_2O_3材料，A^*的理想值为41.1 $A \cdot cm^{-2} \cdot K^{-2}$。根据式（3-7），可以获得理想因子$n$和势垒高度$\Phi_B$的计算公式如（3-8）和（3-9）所示。

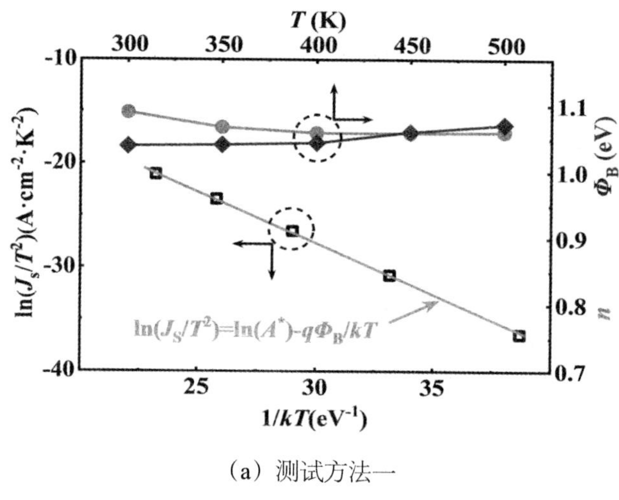

（a）测试方法一

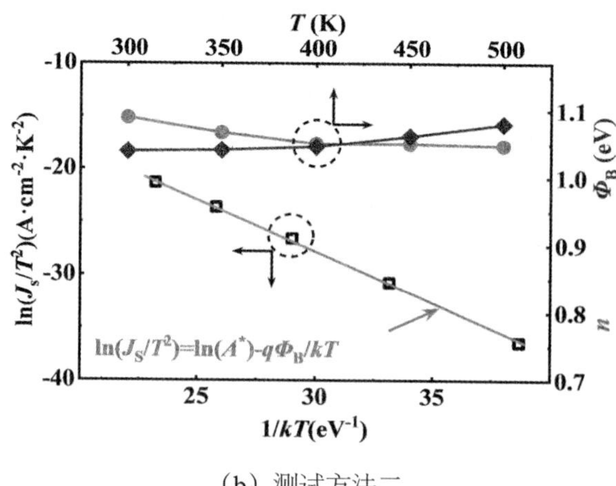

（b）测试方法二

图3-13　不同测试方法下提取的n和Φ_B的温度依赖性和理查德森常数图

$$n = \frac{q}{kT} \cdot \frac{\mathrm{d}V_{\mathrm{F}}}{\mathrm{d}\ln J_{\mathrm{F}}} \tag{3-8}$$

$$\Phi_{\mathrm{B}} = \frac{kT}{q} \cdot \ln\left(\frac{A^{*}T^{2}}{J_{\mathrm{S}}}\right) \tag{3-9}$$

根据上述公式和不同测试方法获得的J_F-V_F曲线，图3-13展示了提取测试结果并计算获得的理想因子n和势垒高度Φ_B随温度的变化以及理查德森常数图，图中给出了理查德森常数图的线性拟合曲线的公式，根据该公式对实验数据进行拟合可以获得Φ_B和A^*的值。

随着温度T从300 K升至500 K，根据方法一的测试结果，n从1.09减小到1.06，Φ_B从1.04 eV增大到1.07 eV，如图3-13（a）所示，根据理查德森常数图线性拟合得到的Φ_B和A^*分别为1.02 eV和40.12 $A \cdot cm^{-2} \cdot k^{-2}$；根据方法二的测试结果，$n$从1.09减小到1.05，$\Phi_B$从1.04 eV增大到1.08 eV，如图3-13（b）所示，根据理查德森常数图线性拟合得到的Φ_B和A^*分别为1.03 eV和42.98 $A \cdot cm^{-2} \cdot k^{-2}$。测试方法不同导致的差异几乎可以忽略不计，获得的$A^*$都与理想值获得了较好的吻合，且由公式（3-3）和理查德森常数图计算的Φ_B也几乎相同，因此在第四章的类似测试中将仅采用方法一进行测试。另外，观察到提取的n值接近于1，验证电流输运机制是热电子发射模型，且n和Φ_B值都相对稳定、温度依赖性较小。随着温度的升高，n减小且Φ_B增大的趋势在已报道的β-Ga_2O_3 SBDs和GaN SBDs中已经普遍观察到，这归因于肖特基势垒高度的不均匀性。在较低温度下，电子会优先越过较低的势垒；而随着温度增加，电子可以获得足够的能量来克服更高的势垒，因此从J-V曲线中将会提取到更高的Φ_B。

如图3-14（a）的反向电流-电压（J_R-V_R）曲线所示，实验测得CT SBD的击穿电压BV = 400 V，相较于仅具有单层SiN_x钝化层但无空气空间的CFP结构（其他结构参数及工艺流程与CT SBD完全相同）的BV = 145 V提升了176%。在发生击穿前，CT SBD的反向泄漏电流密度远远低于对比结构，体现了新型复合终端改善漏电性能的作用，这一方面是由于热氧化终端降低有效电子浓度且和空气空间结构共同降低界面态，电子浓度和界面态的降低直接降低了反向泄漏电流，另一方面是由于新型复合终端调制电场分布并降低表面电场尖峰，电场峰值的减小抑制了传输系数并降低了载流子隧穿机率，也抑制了反向泄漏电流。

空气空间结构对电场分布的调制作用已在图3-2和图3-3中通过Sentaurus TCAD进行比较和说明，在图3-14（b～c）中，我们再次进行验证并补充金属场板末端的电场分布。仿真中金属场板的长度设置为10 μm，图3-14（b）中的电场分布曲线是从图3-14（c）中漂移区表面之下1 nm处截取。新型复合终端结构一方面在空气空间边缘B点处引入新的电场尖峰，使平均电场明显提高，另一方面也抬高金属场板FP末端的电场，进一步改善电场分布。

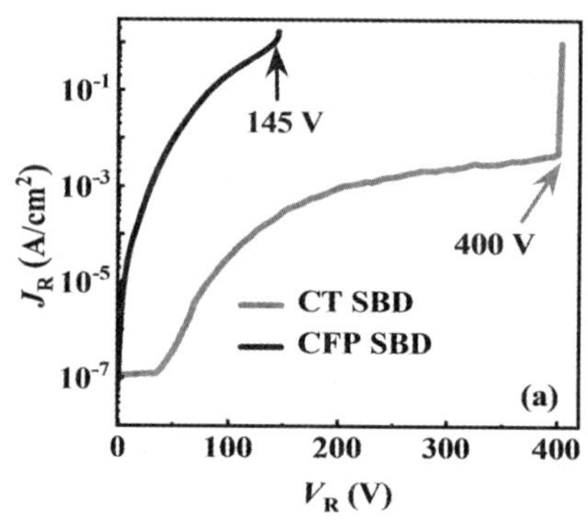

（a）实验测试J_R-V_R特性曲线

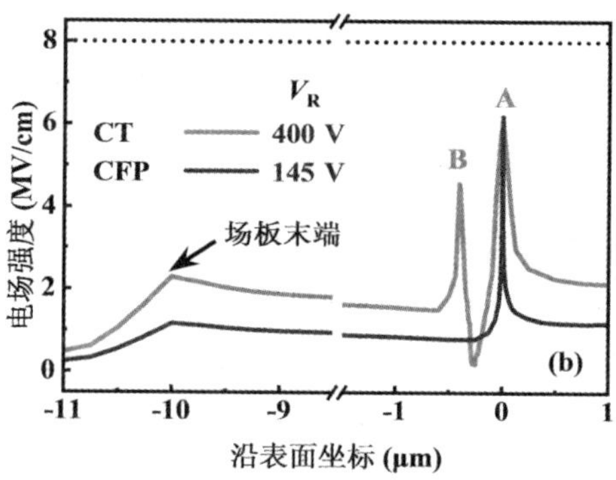

（b）漂移区表面的电场分布图

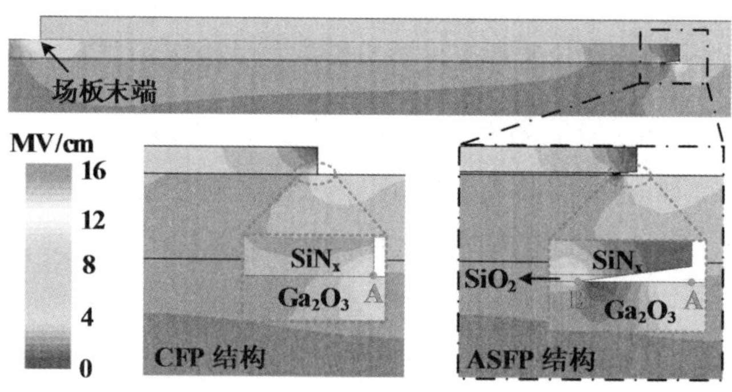

（c）二维轮廓图

图3-14 J_R-V_R特性测试及仿真结果

图3-15（a）比较了CT SBD与对比结构的BV和$R_{on,sp}$指标参数。对比结构[86]如图3-15（b）所示，其仅具有单层SiO_2钝化层且漂移区厚度达到11 μm。

随着外延片尺寸增加，会导致有源区缺陷增多，而高密度的有源区缺陷致使反向泄漏电流过大，从而影响器件的性能；特别在施加的电压较高时，这些缺陷会导致严重的性能和可靠性问题。如图3-15（a）所示，其中横坐标为阳极欧姆接触的面积，随芯片尺寸增加，SBD的BV减小且$R_{on,sp}$增加。与文献报道的大尺寸对比结构相比，CT SBD实现了显著的性能改善。在阳极欧姆接触面积相似的情况下，CT SBD以更薄的漂移层厚度实现更高的BV，进一步说明了新型复合终端结构调制电场分布和抑制反向泄漏电流以提高耐压的作用，同时更薄的漂移层厚度也使CT SBD实现了更低的$R_{on,sp}$，这意味着更大的功率优值（PFOM=$BV^2/R_{on,sp}$）。

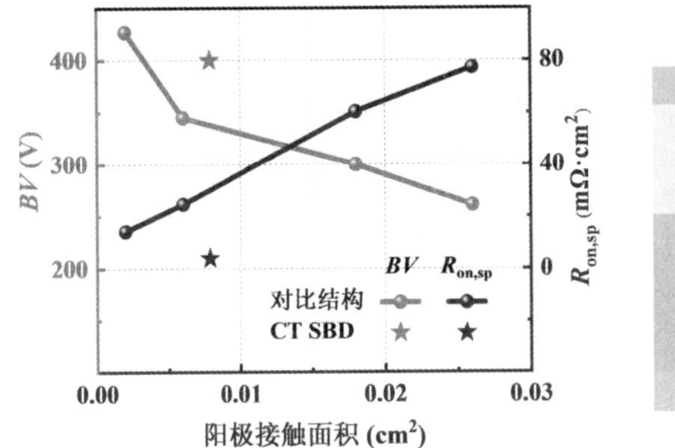

（a）BV和$R_{on,sp}$随阳极接触面积的变化及比较

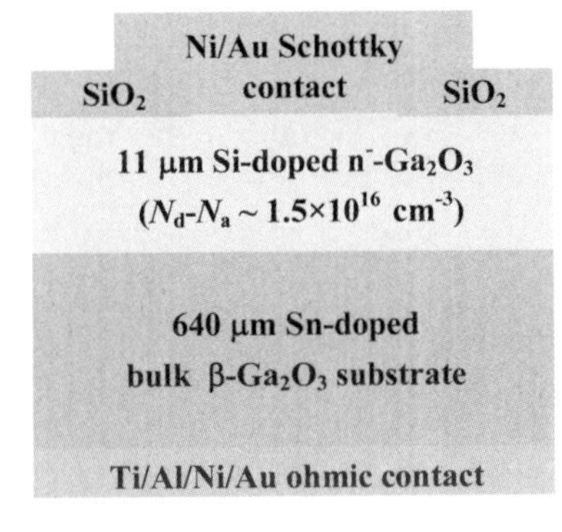

（b）对比结构示意图[86]

图3-15　CT SBD与对比结构的BV和$R_{on,sp}$比较

在完成正反向I-V测试后，我们对CT SBD的温度可靠性进行验证。测试的环境温度设置为85℃，对所研制的器件样品施加反向偏压V_R = 200 V，热应力持续3000分钟后降至室温，每隔5分钟对该电应力下的反向泄漏电流I_R值进行采样，从而监控长时间电热应力下以及停止施加热应力后CT SBD的反向阻断性能变化。如图3-16所示，以施加应力之前的I_R值为基础进行归一化，展示了长时间高温环境中CT SBD的I_R特性的变化。随着器件样品在高温环境下的时间增加，I_R展现出先增大后减小并逐渐稳定的变化趋势，这与文献报道的结果类似，可能是高温下器件内部电荷的重新定位

引起的。在施加电热应力的整个实验环节中，CT SBD没有发生明显的瞬态泄漏现象，并且在环境冷却至室温后采样得到的I_R值也恢复至与施加应力之前的I_R值相同。这说明长时间电热应力并没有使所研制的CT SBD性能退化，验证了CT SBD的电热应力可靠性。

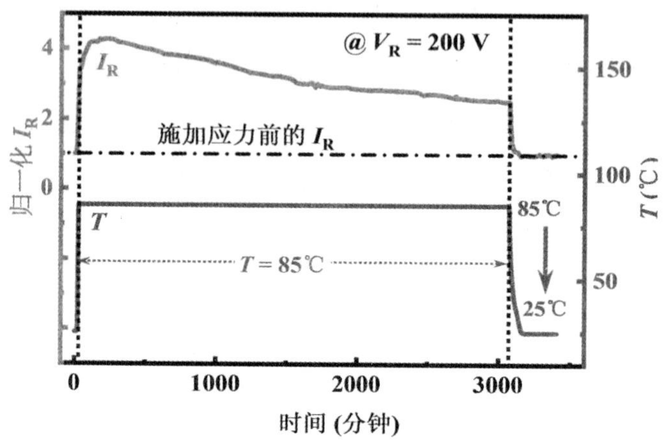

图3-16　电热应力测试结果

此外，为验证器件承受高低温转换的可靠性，我们还进行了持续100小时的温度循环测试。所设置的环境温度上限和下限分别为−40℃和85℃，由于设备限制，温度转换无法在短时间内实现，环境温度由−40℃上升至85℃需要约10分钟，由85℃降至−40℃需要约40分钟，并且实验样品需在−40℃和85℃各维持10分钟以方便进行测试，因此一次温度循环周期设置为70分钟，如图3-17（a）所示。所研制的CT SBD样品在温度循环测试期间被持续施加200 V的反向电应力，在温度为−40℃和85℃时获得当前I_R值，同样基于室温下的初始I_R值进行归一化，测试结果如图3-17（b）所示。在100小时（约86个循环）的温度循环测试中，器件样品分别在−40℃和85℃时测得的I_R值几乎不变，在降回室温后再次测得的I_R值与施加循环温度应力前的初始值几乎相同。CT SBD样品能够承受100小时的温度循环而其反向*I-V*特性不发生退化，也就是说，器件的温度可靠性得到了验证，其具有一定的承受极端温度和极端温度之间转换的能力。

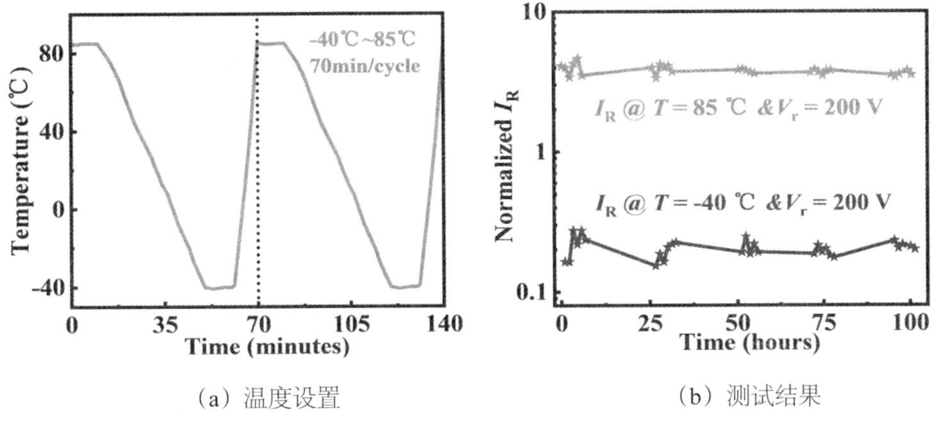

（a）温度设置　　（b）测试结果

图3-17　温度循环测试

前述测试验证了CT SBD的静态电学特性和电热应力可靠性，之后将介绍针对该结构进行的动态特性相关测试，包括反向恢复测试和整流测试。

反向恢复特性的等效测试电路及原理已在第2.3节介绍，此处不再赘述。CT SBD与商用Si基和SiC基二极管的反向恢复特性比较如图3-18所示。

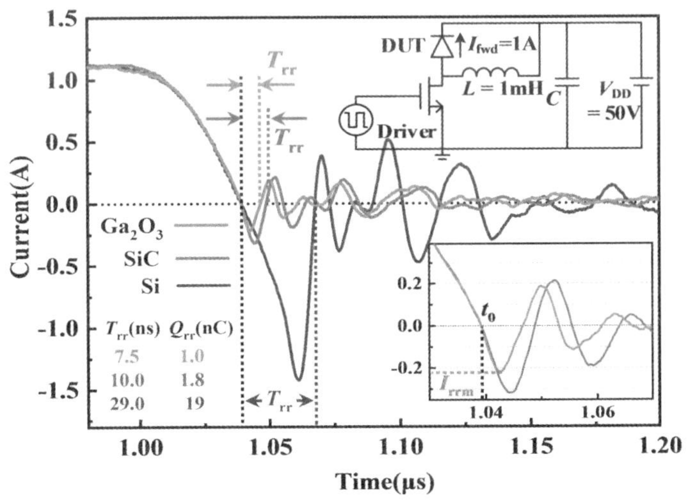

（a）d*i*/d*t*=50A/μs下的反向恢复曲线

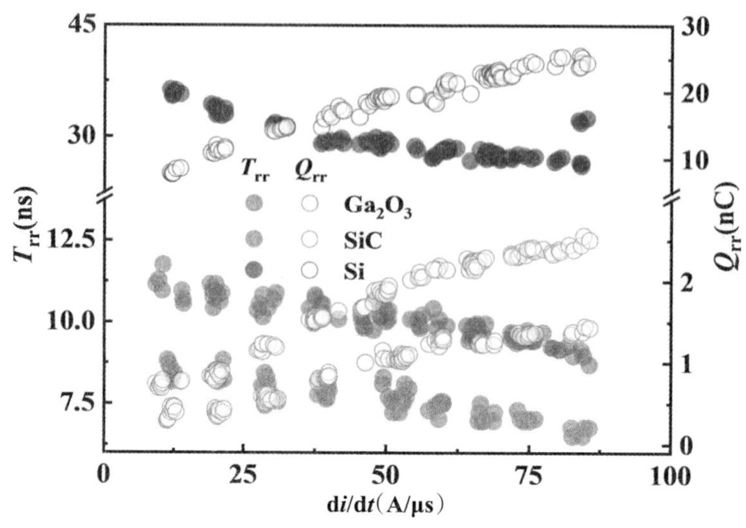

（b）不同di/dt提取的T_{rr}和Q_{rr}

图3-18　三种器件的反向恢复特性测试结果对比

为了尽可能实现相对公平的比较，所选用的商用Si基快恢复二极管（fast recovery diode，FRD）型号为SF36，数据手册中给出的额定电压和电流值分别为400 V和3 A，商用SiC SBD的型号为STPSC406，其额定电压和电流值分别为600 V和4 A，均与CT SBD较为相当。图3-18（a）展示了三种器件在相同di/dt = 50 A/μs时的反向恢复电流I_{rr}随时间变化的曲线，如其中的插入电路图所示，测试中所设置的电感L = 1 mH，直流电源V_{DD} = 50 V，发生反向恢复前的电流I_{fwd} = 1 A，另一插入图将CT SBD和SiC SBD的局部曲线进行放大以便比较。测试中t_0时刻（I_{rr}第一次降至0 A）之前的di/dt值由外电路控制，对反向恢复电流过冲I_{rrm}产生直接影响，而t_0时刻之后的di/dt值取决于不同器件的性能。反向恢复时间T_{rr}定义为器件从t_0时刻到I_{rr}第一次电流过冲后恢复至0 A所需的时间，因而反向恢复电荷Q_{rr}由下述公式（3-10）计算得到。

$$Q_{rr} = \int_{t_0}^{T_{rr}} i(t)\mathrm{d}t \tag{3-10}$$

SBD的反向恢复现象主要是由电容充放电引起的。在反向恢复过程中，界面陷阱参与电子的捕获和释放，相当于进行充电和放电使有效电容增加。因此，降低界面陷阱密度意味着反向恢复过程中界面电荷充电和放电的减少，从而改善反向恢复性能、获得优越的动态特性。CT SBD的热氧化终端通过钝化氧空位型表面态和补偿相应的表面电荷来降低界面态和电子浓度，空气空间将阳极底部具有高密度界面态的$SiO_2/\beta\text{-}Ga_2O_3$界面分隔开，并切断阳极底部界面电荷的充放电路径，两者都通过减少电荷的充放电来改善反向恢复特性。从而，如图3-18（a）所示，CT SBD实现了优秀的反向恢复性能，其反向恢复时间T_{rr}仅为7.5 ns，Q_{rr}为1.0 nC。作为超宽禁带半导体器件，CT SBD具有比Si FRD更好的反向恢复特性，显示出高速和低损耗的优势。Si FRD的T_{rr}高达29 ns，反向恢复电流过冲I_{rrm}也达到了1.43 A，导致其Q_{rr}相较于CT SBD的Q_{rr}增大了19倍。此外，即使和商用SiC SBD的T_{rr} = 10 ns和Q_{rr} = 1.8 nC相比，CT SBD也显示出一定的优势。

图3-18（b）比较了三种器件的T_{rr}和Q_{rr}对di/dt的依赖关系。随着di/dt的增大，开关速度加快和T_{rr}减小，电流过冲增大，最终导致Q_{rr}增大。在10 A/μs ～ 85 A/μs的大di/dt范围内，CT SBD的T_{r}从8.8 ns降低到6.5 ns，Q_{rr}从0.3 nC增加到1.4 nC，显示出三种器件中最好的反向恢复特性，适用于有不同开关速度需求的各种功率系统应用。

表3-1对三种器件以及文献报道的氧化镓SBDs[87-91]的性能进一步进行了综合对比。考虑到反向恢复特性即T_{rr}和Q_{rr}测试结果取决于有源区，但商用SiC SBD和Si FRD的有源区面积和掺杂浓度等详细信息无法获取，因此也采用优值FOM= $R_{on}\cdot Q_{rr}$进行比较，其中R_{on}值无须根据有源区面积进行换算，可以直接通过正向$I\text{-}V$测试提取计算。该优值同时考虑到有源区面积和导通损耗，可以反映R_{on}和Q_{rr}之间的折中关系：随有源区面积增加，R_{on}减小且Q_{rr}增加。因此，优值FOM也可以用于综合反映器件的动态特性。如表3-1所示，与文献中给出芯片面积的氧化镓SBDs相比，具有较大的尺寸的CT SBD表现出更低的T_{rr}和Q_{rr}，其FOM值为0.5 Ω·nC，更加体现了新型复

合终端改善器件反向恢复特性的作用；CT SBD的功率优值PFOM（$BV^2/R_{on,sp}$）= 40 MV/cm²值在大尺寸氧化镓SBDs中也具有优势。

表3-1　Ga_2O_3 SBD、SiC SBD和Si FRD性能比较

Devices	D（μm）	I_{rrm}（A）	T_{rr}（ns）	Q_{rr}（nC）	$R_{on}\cdot Q_{rr}$（Ω·nC）	$BV^2/R_{on,sp}$（MV/cm²）
CT SBD	1000	0.22	7.5	1.0	0.5	40
Ga_2O_3 SBD[87]	100	0.038	14.1	0.34	17.3	38
Ga_2O_3 SBD[88]	300	0.42	7.6	~2.0	~8.7	29
Ga_2O_3 SBD[89]	1000	0.7	64	30	85	26
SiC SBD[90]		0.32	10	1.8	0.36	
Si FRD[91]		1.43	29	19.0	2.5	

CT SBD的FOM值仅为Si FRD的20%，但仍比商用SiC SBD略大。这主要是由于氧化镓功率器件的相关研究起步较晚，目前材料质量、工艺技术等仍普遍落后于SiC器件。与现有的氧化镓SBDs相比，本书提出的CT SBD具有新型复合终端，器件的静态和动态性能已经得到了显著改善。随着氧化镓相关技术进一步发展，可以通过降低欧姆接触电阻、增加衬底掺杂浓度和减薄衬底厚度来进一步改善CT SBD的FOM优值。由于650 μm厚的衬底中电子迁移率仅为约40 $cm^2\cdot V^{-1}\cdot s^{-1}$，衬底电阻约为漂移区电阻的两倍，这是导致CT SBD的R_{on}和FOM较大的重要原因。因此，衬底减薄工艺可使衬底厚度从650 μm减小到200 ～ 400 μm甚至更薄，从而有效降低衬底电阻并进一步降低R_{on}和FOM、提高CT SBD的性能。

之后，在不同温度和10 A/μs ～ 85 A/μs的di/dt范围内测试了CT SBD、商用SiC SBD （STPSC406）和Si FRD（SF36）的反向恢复时间T_{rr}和反向恢复电荷Q_{rr}以及这两项指标的温度依赖性，如图3-19所示。当温度从300 K上升至500 K并冷却至室温重复测试，CT SBD的I_{rrm}、T_{rr}和Q_{rr}的测试值差异均小于5%；其在di/dt=50 A/μs时的反向恢复曲线如图3-19（a）中的插入图所示，这些曲线（包括施加热应力前、后在室温下测试的曲线）基本重合，说明氧化镓的超宽禁带提供了良好的热耐受能力，也说明短时间的高

温不会影响CT SBD的反向恢复性能。如图3-19（b）所示，在热导率较高的宽禁带SiC SBD中也出现了同样的结果。然而，在图3-19（c）及插入图中，Si FRD的I_{rrm}、T_{rr}和Q_{rr}随着T的增加而显著增加；对于插入图中di/dt = 50 A/μs的情况，当温度从300 K增加到400 K时，Si FRD的T_{rr}和Q_{rr}分别增加了66%和112%。

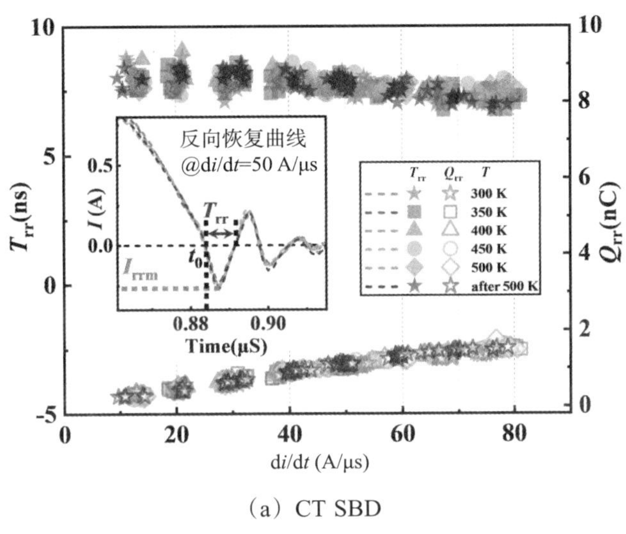

（a）CT SBD

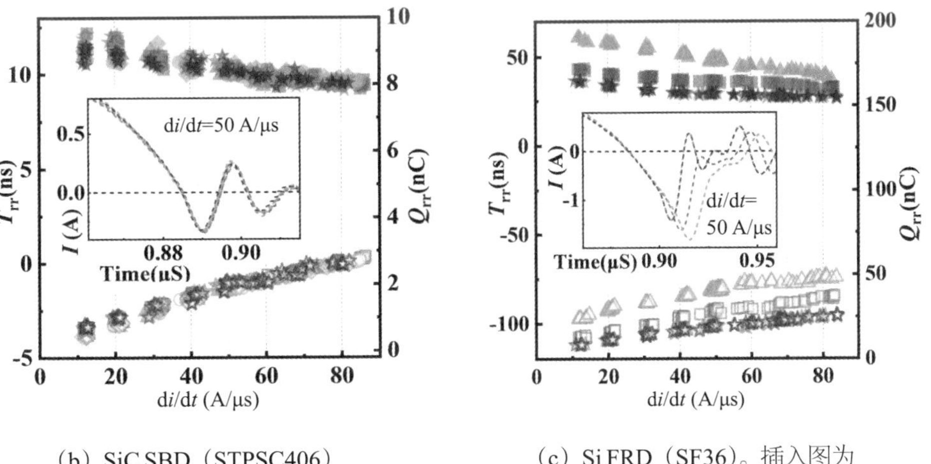

（b）SiC SBD（STPSC406）

（c）Si FRD（SF36）。插入图为di/dt = 50 A/μs下的反向恢复曲线

图3-19　三种器件在不同温度和di/dt下的反向恢复特性测试结果对比

图3-20比较了CT SBD和具有相似耐压级别的Ga_2O_3、GaN、SiC、Si二极管的T_{rr}和I_{rrm}/I_{fwd}，这些进行比较的二极管的耐压级别在表3-2中列出，其中标有“*”的为商用器件耐压级别。I_{rrm}与I_{fwd}的比值可以体现反向恢复电流过冲的程度，较大的I_{rrm}会导致功率系统出现额外的功率损耗甚至引发可靠性问题。在发生反向恢复前的电流值I_{fwd}一定的情况下，T_{rr}和I_{rrm}/I_{fwd}之间也存在折中关系：随着di/dt的增大，T_{rr}减小且I_{rrm}增大。所研制的CT SBD样品展示出最优的T_{rr}和I_{rrm}/I_{fwd}折中，同时具有极短的反向恢复时间和较小的反向恢复电流过冲。

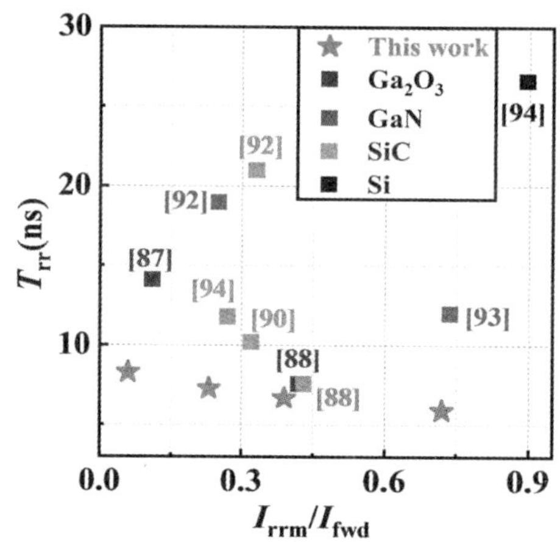

图3-20　CT SBD和对比器件的动态参数比较

这些反向恢复特性相关的测试和比较结果均表明，CT SBD的新型复合终端所具有的减少表面电荷及界面陷阱密度的作用可以有效减小I_{rrm}、T_{rr}和Q_{rr}，这些参数指标在改善电路系统的动态特性和可靠性方面具有一定优势。

表3-2　CT SBD和对比器件的耐压级别

Metarial	Reference	BV(V)	Metarial	Reference	BV(V)
Ga_2O_3	CT SBD	400	SiC	[88]	600*
Ga_2O_3	[87]	391	SiC	[90]	600*
Ga_2O_3	[88]	300	SiC	[92]	600*
GaN	[92]	500	SiC	[94]	600*
GaN	[93]	465	Si	[94]	600*

整流能力也是功率二极管在电路系统中应用的重要评价标准，因此本节对CT SBD在不同频率下的整流特性进行测试分析。整流测试等效电路如图3-21所示，其中虚线框内为封装的CT SBD（中间引脚为连接器件阴极），矩形框内的R_P、L_P和C_P分别是来自电缆和测试板的寄生电阻、电感和电容，所采用的负载电阻R_L值为4.7 Ω，任意函数发生器AFG3252输入正弦波信号，而CT SBD仅在其正半周信号下导通，从而由数字荧光示波器DPO7104C在负载电阻上两端采集到正半周的输出信号。

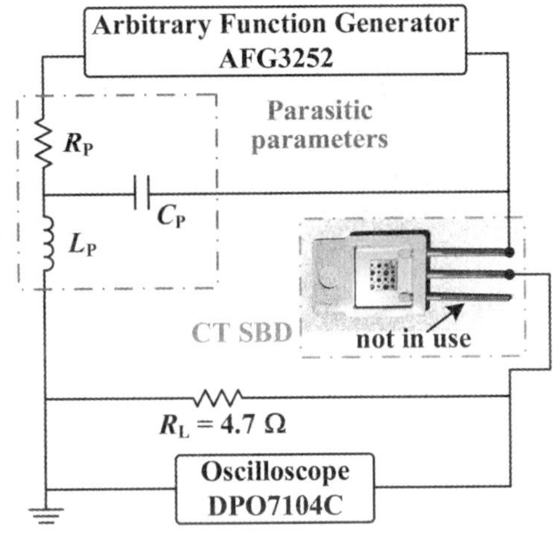

图3-21　整流测试等效电路图

图3-22为CT SBD在频率f为100 kHz、500 kHz、1 MHz和2 MHz下的整流特性测试结果。由于R_L的阻值仅占电路总电阻的一部分，因此采集的半正弦输出信号V_{out}幅值小于输入信号V_{in}幅值。如图3-22（a）和（b）所示，在$f \leqslant$ 500 kHz下，V_{out}的振幅几乎保持一致，且与V_{in}相比相位基本一致、没有发生偏移，说明器件具有良好的整流能力。由于电缆和测试板的寄生效应，在$f \geqslant$ 1 MHz后，V_{out}波形出现轻微变化，如图3-22（c）所示。结电容C_J的阻抗$(\omega C_J)^{-1}$随工作频率的增加而减小。特别是在f = 2 MHz时，如图3-22（d）所示，由于周期缩短和C_J对高频特性的影响，输出波形出现较明显的相移和电流过冲，但器件仍具有整流能力。新型复合终端对界面态和电子浓度的降低作用有利于实现低C_J，这是器件高频工作所需要的。通过降低外延层的掺杂浓度可以进一步降低C_J。

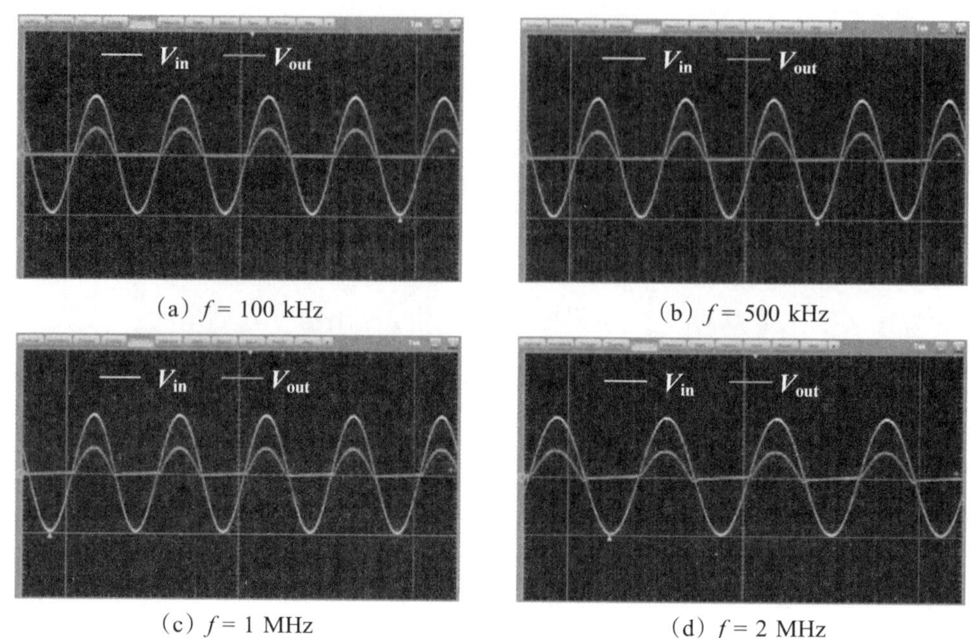

（a）f = 100 kHz （b）f = 500 kHz

（c）f = 1 MHz （d）f = 2 MHz

图3-22 CT SBD在不同频率f下的整流特性测试结果

3.4 本章小结

本章提出并研制了具有复合场板的大功率β-Ga_2O_3 CT SBD，并对其进行了实验研究。复合场板由空气空间场板和热氧化终端组成，不仅降低了介质/β-Ga_2O_3界面的高密度界面态和热氧化区域的电子浓度，而且改善了阳极底部的电场分布并抑制了表面电场峰值。因此有效抑制了反向泄漏电流并大大改善反向恢复和击穿特性。阳极直径为1000 μm的β-Ga_2O_3 CT SBD在di/dt = 50 A/μs时获得了7.5 ns的超短反向恢复时间和1.0 nC的超低反向恢复电荷，实现的400 V击穿电压相较于常规结构提高176%，且具有良好的整流特性。在300 ～ 500 K的温度范围内讨论了正向导通和反向恢复特性的温度依赖性。结果表明，β-Ga_2O_3 CT SBD具有良好的热耐受性，短时间的高温不会影响CT SBD的正向导通和反向恢复性能，在一定长时间的电热应力后器件性能几乎不发生退化。所研制的的β-Ga_2O_3 CT SBD在高功率和高频应用方面具有很大的潜力。

第四章

大功率氧化镓二极管机理研究与实验研制

本章进一步实验研究了两类大功率氧化镓二极管，包括基于NiO/β-Ga_2O_3异质结的氧化镓结势垒肖特基二极管（junction barrier Schottky diode，JBSD）和基于RESURF效应的氧化镓SBD。通过提出并分析其改善耐压的工作机理及各结构参数对器件性能的影响，进而研制实验样品，对其正向导通特性、反向阻断特性等电学性能进行测试分析，并通过比较实验样品在电热应力前后的性能变化验证其温度可靠性。

4.1 大功率氧化镓结势垒肖特基二极管

4.1.1 器件结构和工作机理

所研制的具有场板的JBSD（后续简称：FP JBSD）如图4-1所示，设计了3×3 mm^2和4×4 mm^2两种阳极接触面积。由于氧化镓目前仍未实现有效的

P型掺杂，因此采用P型NiO。在有源区内，2.3 μm的NiO和1.7 μm的β-Ga_2O_3周期性间隔分布。

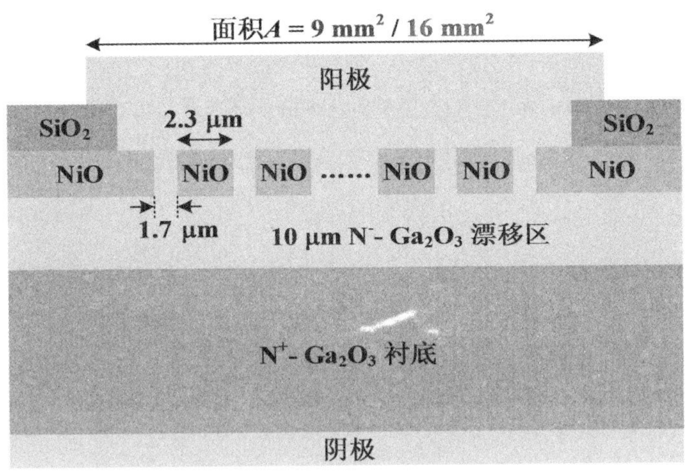

图4-1　FP JBSD结构示意图

如前所述，常规SBD的耐压受到反向泄漏电流的限制，传统JBSD是在常规SBD的肖特基接触两侧形成PN结。本书中涉及的氧化镓FP JBSD是在肖特基接触两侧形成P-NiO/N-Ga_2O_3异质结区域，从而不仅在纵向而且在横向上形成异质PN结，因此在横向也存在PN结的电荷耦合效应，这有助于降低肖特基接触界面附近的表面电场，使得电场峰值转移到远离表面的位置。该电荷耦合机制可以缓解反向泄漏电流与表面最大电场的限制关系。在正向导通时，肖特基结比PN结先开启，实现较低的开启电压；在反向阻断时，PN结形成的耗尽区逐渐扩展，继而相互交叠，从而可以屏蔽电场对肖特基接触的影响，有效抑制泄漏电流。因此，FP JBSD兼具SBD开启电压小和PN二极管反向击穿性能强的优点，从而获得比PN二极管更低的开启电压、比SBD更低的泄漏电流和更高的击穿电压。另外，该器件也采用场板和NiO终端进一步改善耐压。

4.1.2 器件结构参数仿真优化

本节通过Sentaurus TCAD对FP JBSD结构进行仿真验证及参数优化。仿真结果表明NiO/β-Ga_2O_3异质结的引入能够有效优化表面电场分布，提高器件耐压。

图4-2比较了反向偏压为300 V时FP JBSD与FP SBD（无NiO区域）的表面电场分布。一方面，NiO终端的引入显著降低了阳极边缘的电场峰值；另一方面，阳极下方的NiO区域起到调制电场分布的作用。由于耗尽区从NiO/β-Ga_2O_3异质结的主结处开始扩展，而NiO区域的P型掺杂浓度比β-Ga_2O_3区域的N型掺杂浓度至少高2个数量级，因此在300 V的反向偏压下仅NiO区域的外围存在耗尽区，则沿漂移区表面的NiO区域内电场几乎为0，而沿NiO区域底部的电场更高。

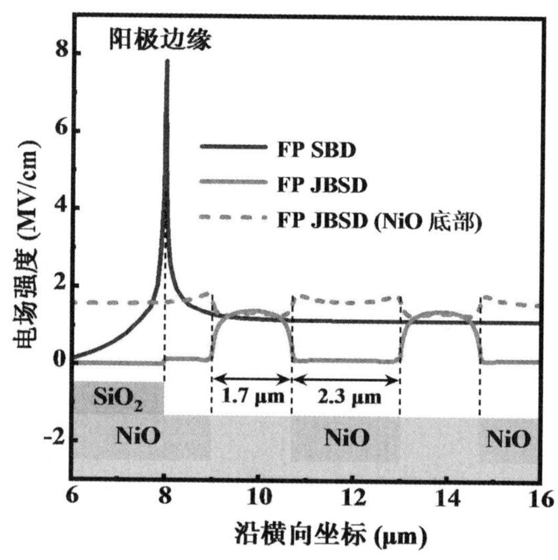

图4-2　电场分布曲线对比

图4-3、图4-2展示了具有不同P-NiO/N-Ga_2O_3比例的FP JBSD在反向偏压为300 V时沿漂移区表面（图中实线）和NiO层底部（图中虚线）的电场

分布对比。如图4-3所示，一方面，随着P-NiO区域的尺寸增加，其对表面电场分布的调制作用增强；另一方面，图示各尺寸的P-NiO/N-Ga_2O_3异质结都能有效调制电场，因此样品制备过程中的工艺容差较大，易于实现性能优良的实验样品。

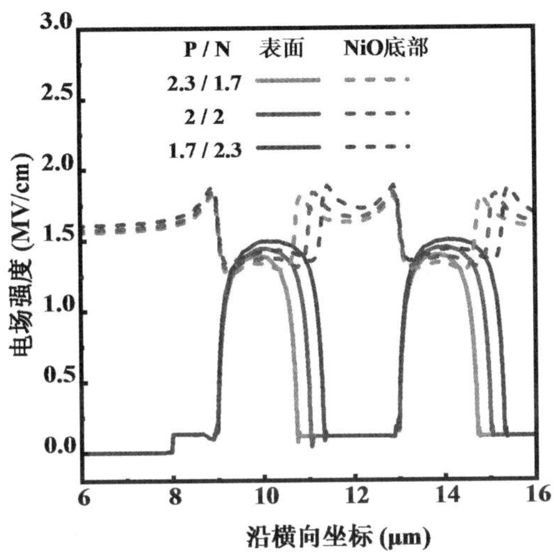

图4-3　不同PN区域尺寸的电场分布对比

4.1.3 器件研制与测试分析

4.1.3.1 器件研制工艺流程

本节对上述具有NiO/β-Ga_2O_3异质结的FP JBSD进行实验研制，制备过程基于HVPE纵向外延片，外延层厚度为10 μm、掺杂浓度为2.5×10^{16} cm^{-3}。具体工艺流程及关键工艺步骤介绍如下所述。

1. 形成刻蚀槽

由于超宽禁带氧化镓原子排列更加紧密导致刻蚀更困难，采用电感耦合等离子体（Inductively Coupled Plasma，ICP）刻蚀形成间断分布、深度约500 nm的凹槽，如图4-4所示。

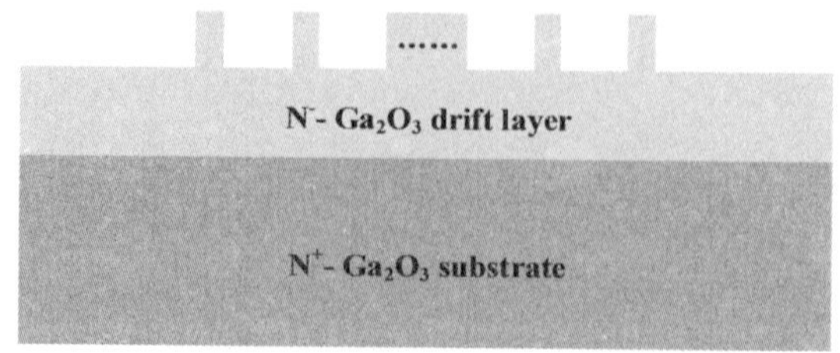

图4-4　刻蚀槽形成示意图

2. 形成NiO层

首先在凹槽中沉积5 nm厚度的Ni，然后在600℃的O_2氛围中进行10分钟的热氧化过程，形成约10 nm的NiO，如图4-5（a～b）所示。通过重复以上Ni的沉积和热氧化过程，在凹槽中形成P型NiO层，如图4-5（c）所示。自氧化工艺生长的NiO虽然难以获得高浓度的P型掺杂，但热稳定性更好。此外，热氧化过程的多次重复会使NiO区域之间的氧化镓中形成热氧化区域，即净载流子浓度减小，从而也对调制电场分布和改善器件耐压有一定作用。

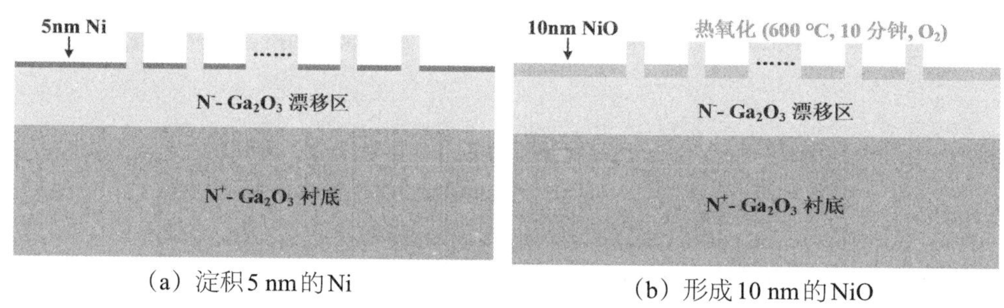

（a）淀积5 nm的Ni　　（b）形成10 nm的NiO

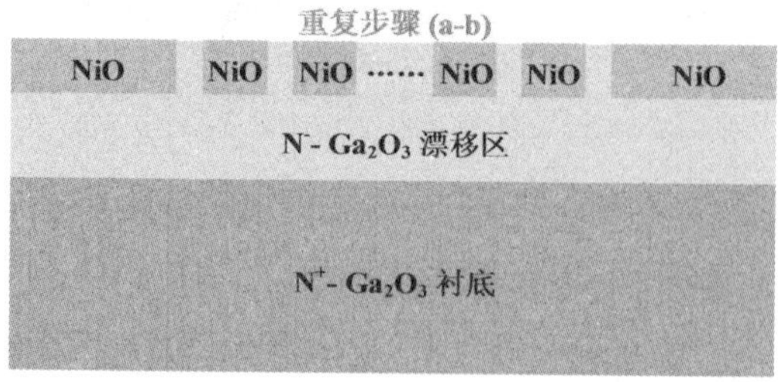

（c）重复步骤（a）与（b）形成厚NiO层

图4-5　NiO层形成示意图

3. 形成阴极金属

采用电子束蒸发工艺依次淀积厚度为20 nm金属Ti和200 nm金属Au，并在N_2氛围中进行热退火，形成高质量低阻欧姆接触。

4. 形成SiO_2钝化层及阳极金属

首先沉积SiO_2钝化层并进行光刻图案化。

其次通过沉积和剥离工艺制备阳极金属Ni/Au（150 nm /400 nm），并在SiO_2钝化层上方形成金属场板。

获得的器件结构如图4-1所示，FP JBSD实验样品的SEM图像如图4-6所示。

最后将阳极和阴极金属加厚以防止器件在封装过程中性能退化。

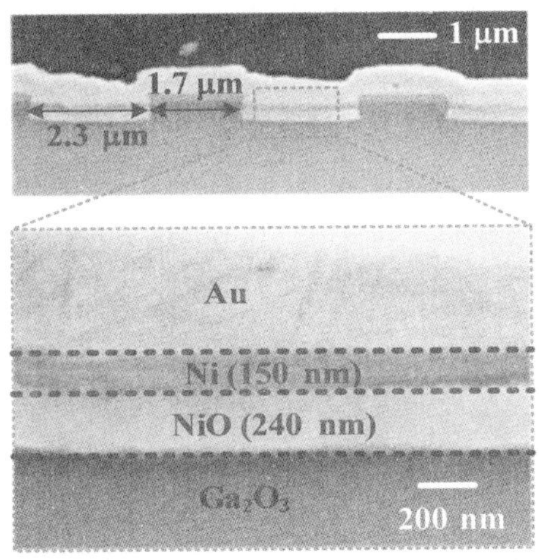

图4-6　FP JBSD实验样品SEM图

4.1.3.2　器件样品测试分析

本节实验研究了具有不同阳极面积FP JBSD结构的正反向*I-V*和*C-V*特性并测试其热阻；此外，对阳极面积为16 mm^2的大功率器件样品在电热应力前后的*C-V*和正反向*I-V*特性进行比较分析以评估其可靠性。

阳极面积为9 mm^2和16 mm^2的器件样品在300 K和400 K下的正向电流密度-电压（J_F-V_F）曲线如图4-7所示。从J_F-V_F曲线提取的$R_{on,sp}$值如图4-7（a）所示，当温度从300 K增加到400 K时，阳极面积A分别为9 mm^2和

16 mm²的FP JBSD的$R_{on,sp}$从11 mΩ·cm²和15 mΩ·cm²增加到16 mΩ·cm²和20 mΩ·cm²，这是由于温度升高使电子迁移率降低所致。图4-7（b）为半对数坐标下的J_F-V_F特性曲线，在J_F = 1 A/cm²下，阳极面积不同的FP JBSD表现出相似的V_{on}值，因为V_{on}由势垒高度决定，势垒高度基本与阳极接触面积无关；V_{on}随着温度升高而减小，这是由于势垒高度随着温度升高而降低。由于NiO/β-Ga_2O_3异质PN结的影响，其V_{on}相较于β-Ga_2O_3 SBDs略微增加，在温度为300 K时接近1 V。根据第3.3.2节所述的热电子发射模型和计算公式（3-1）和（3-2），可以计算不同阳极面积的FP JBSD样品具有相同的理想因子n值。如图4-7（b）所示，随温度升高100 K，n从1.07增加到1.08，其值几乎不变且接近1，说明界面质量和热稳定性较好。另外，样品升温至400 K前后在室温下测得的J_F-V_F特性几乎完全相同，也说明短时间高温不会使器件的正向导通性能退化。

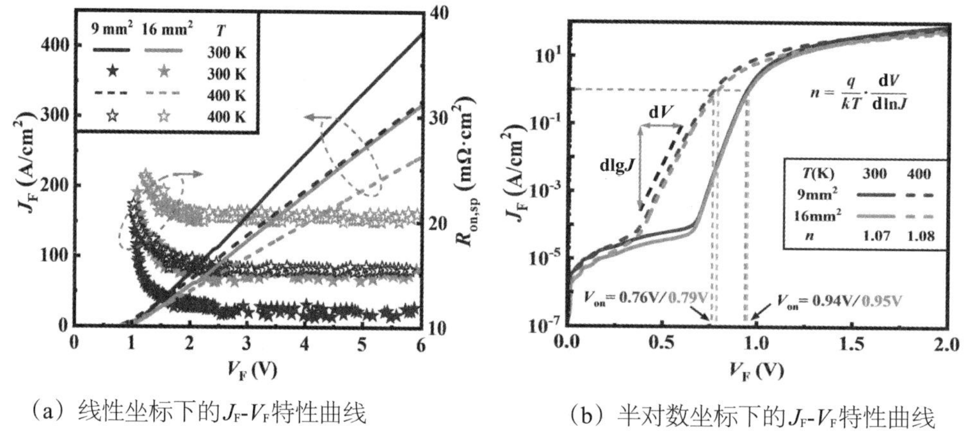

（a）线性坐标下的J_F-V_F特性曲线　　（b）半对数坐标下的J_F-V_F特性曲线

图4-7　FP　JBSD的J_F-V_F特性测试结果

图4-8（a）显示了在室温下测量的正反向I-V特性。阳极面积分别为9 mm²和16 mm²的FP JBSD在正向偏压V_F = 6 V时的正向输出电流高达37 A和51 A；定义耐压BV为反向泄漏电流I_R = 100 μA时对应的反向偏压，则阳极面积分别为9 mm²和16 mm²的FP JBSD的BV分别为550 V和500 V。具有较大阳极面积的FP JBSD具有较高的输出电流，但其有源区的缺陷也会更多，导

致*BV*较低。图4-8（b）中将正向偏压进一步增加至10 V，则阳极面积分别为9 mm²和16 mm²的FP JBSD的正向输出电流可以达到65 A和88 A，而其电阻R_{on}分别为0.15 Ω和0.1 Ω，显示出大尺寸器件的低阻、大电流的优势。

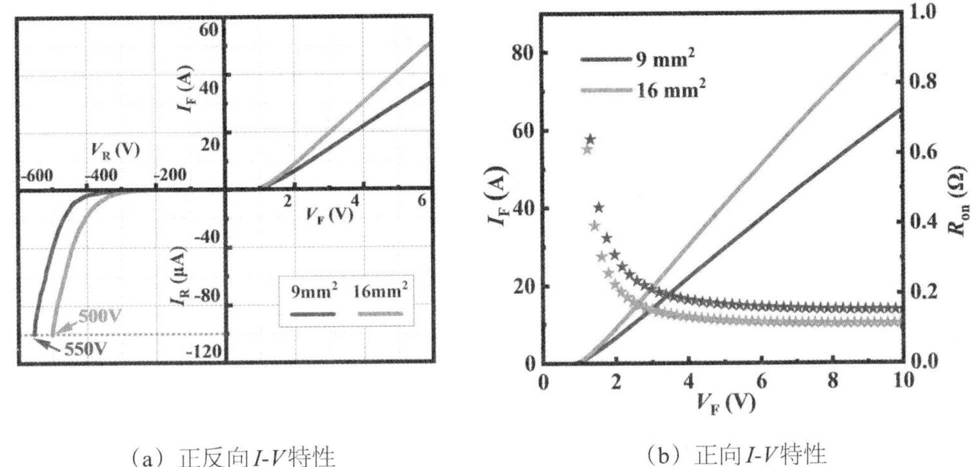

（a）正反向*I-V*特性　　　　（b）正向*I-V*特性

图4-8　FP JBSD的*I-V*特性测试结果

图4-9将反向时的J_R-V_R曲线转换到半对数坐标下，并计算了不同阳极面积的FP JBSD的开关电流比（I_{on}/I_{off}）。归因于NiO/β-Ga_2O_3异质结和金属场板调制电场分布并抑制反向泄漏电流的作用，两种尺寸的FP JBSD在*BV*下的J_R均小于10^{-6} A /cm²。同时，FP JBSD实现了超过10^{11}的高开关电流比，其I_{on}/I_{off}与报道的先进β-Ga_2O_3功率二极管指标相当。

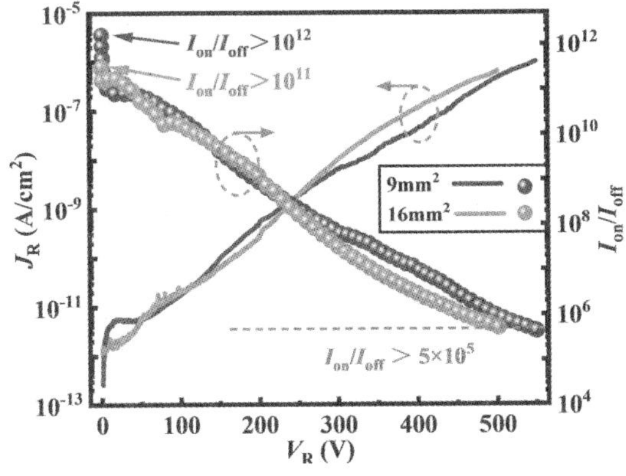

图4-9　半对数坐标下的J_R-V_R特性测试结果和提取的I_{on}/I_{off}

阳极面积分别为9 mm^2和16 mm^2的FP JBSD在室温下测得的电容-电压（C-V）特性曲线及进而计算获得的$1/C^2$-V曲线如图4-10（a）所示，测试频率为1 MHz。肖特基结的电容C_S可由公式（4-1）获得，突变P^+N异质结（$N_a >> N_d$）的耗尽层电容C_A可以简化为公式（4-2），其中V_{bi}为内建电势，ε_n为β-Ga_2O_3的相对介电常数，ε_p和N_a分别为NiO的相对介电常数和载流子浓度。$1/C^2$-V曲线的线性表明NiO/β-Ga_2O_3异质结为突变结。根据公式（4-1）和（4-2），可以推导出N_d的计算公式（4-3）和$1/C^2$-V曲线的表达式（4-4），由此可以从$1/C^2$-V曲线的斜率估算出9 mm^2和16 mm^2的FP JBSD的$N_d = 2.5\times10^{16}$ cm^{-3}，如图4-10（b）所示。通过对$1/C^2$-V曲线进行线性拟合并延长至与X轴（$1/C^2 = 0$）相交，获得其在X轴的截距即为V_{bi}的值为2.5 V。

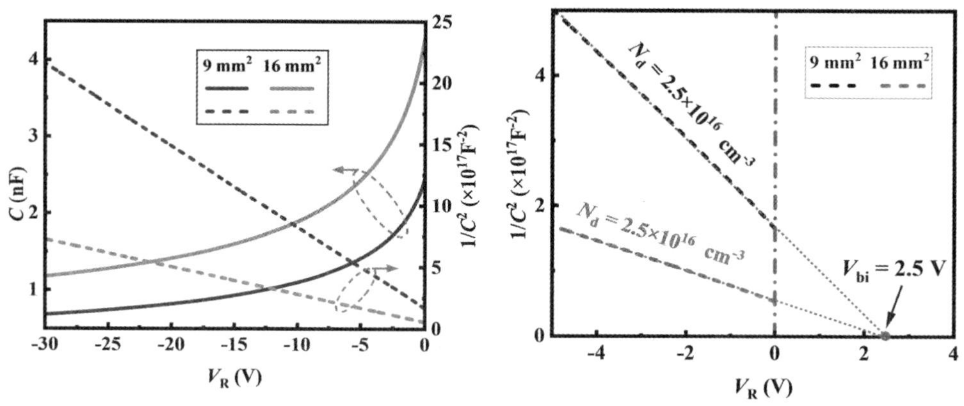

（a）C-V和$1/C^2$-V曲线　　（b）$1/C^2$-V曲线及其线性拟合结果

图4-10　C-V特性测试结果

$$C_S = \sqrt{\frac{q\varepsilon_n\varepsilon_0 N_d A^2}{2(V_{bi} - V)}} \tag{4-1}$$

$$C_A = \sqrt{\frac{q\varepsilon_p\varepsilon_n\varepsilon_0^2 N_a N_d A^2}{2(\varepsilon_p\varepsilon_0 N_a + \varepsilon_n\varepsilon_0 N_d)} \cdot \frac{1}{V_{bi} - V}} \approx \sqrt{\frac{q\varepsilon_n\varepsilon_0 N_d A^2}{2(V_{bi} - V)}} \tag{4-2}$$

$$N_d = \frac{2}{q\varepsilon_n A^2} \cdot \frac{dV}{d(1/C^2)} \tag{4-3}$$

$$\frac{1}{C^2}=\frac{2(V_{bi}-V)}{qN_d\varepsilon_n A^2} \tag{4-4}$$

我们对16 mm²的FP JBSD的长时间电热应力可靠性进行测试分析，其中电热应力分别设置为反向偏压200 V和环境温度400 K，在施加热应力的3000分钟期间每隔5分钟进行采样，持续监测高温环境下反向泄漏电流的变化；在停止施加热应力且温度降至室温后，继续采样以评估FP JBSD的反向阻断性能恢复情况。如图4-11所示的长时间高温应力期间FP JBSD的反向漏电特性变化，随器件样品在400 K高温环境下的时间增加，I_r先急剧增加，然后由于器件内部电荷重新分布，I_r逐渐减小并最终趋于稳定。16 mm² FP JBSD在电热应力期间没有发生明显的瞬态泄漏现象，但在热应力停止后I_r值并没有完全恢复到初始值。将施加电热应力前和后的FP JBSD分别定义为状态'B'和'A'，如图4-11所示，进一步比较被施加电热应力前后的FP JBSD的C-V和正反向I-V性能变化。

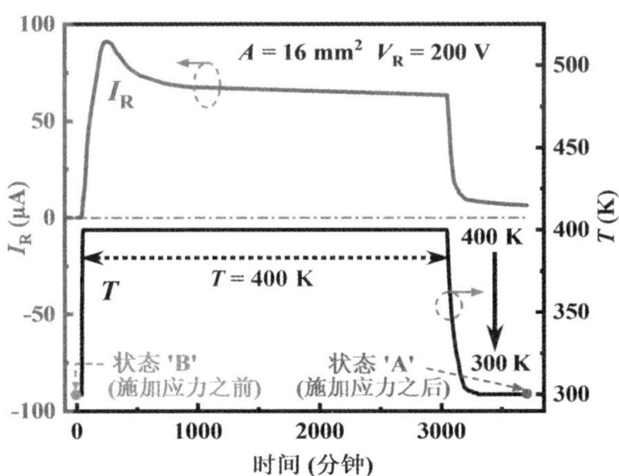

图4-11 FP JBSD 在3000分钟电热应力过程中的I_R随时间的变化

如图4-12（a）～（b）所示，长期高温应力前后FP JBSD的C-V和I_F-V_F曲线基本一致。在图4-12（c）～（d）中，当V_R< 450 V时，I_R主要是通过肖特基接触的泄漏电流，经过长期高温应力后，状态'A'下的I_R显著增

加；而当V_R > 450 V时，应力前后的I_R-V_R开始逐渐重合，显示出几乎相同的BV，这是由于NiO/β-Ga_2O_3的耗尽区横向扩展并交叠，从而屏蔽肖特基结，这种情况下的I_R由NiO/β-Ga_2O_3异质结决定，几乎与所施加的长期高温应力无关。因此，图4-12表明了所制备的FP JBSD具有较好的热可靠性。

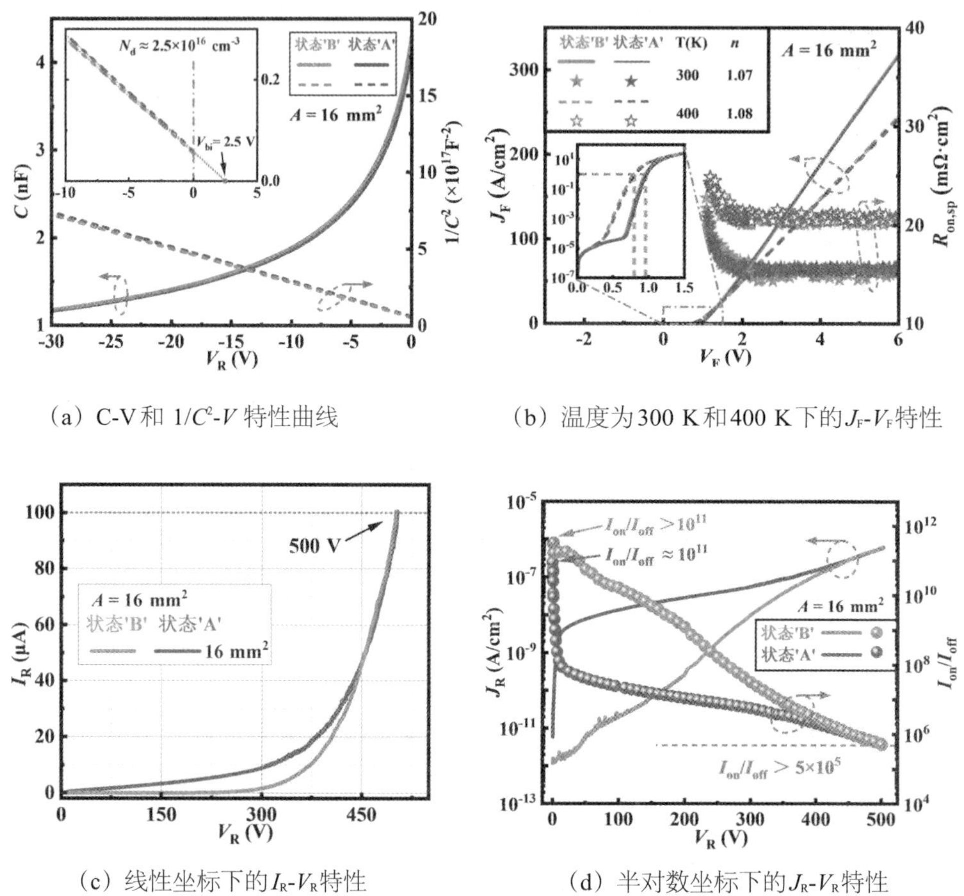

（a）C-V和 $1/C^2$-V 特性曲线

（b）温度为300 K和400 K下的J_F-V_F特性

（c）线性坐标下的I_R-V_R特性

（d）半对数坐标下的J_R-V_R特性

图4-12　施加电热应力前后的16 mm² 的FP JBSD 性能比较

图4-13比较了9 mm²和16 mm²的FP JBSD与文献报道的氧化镓功率二极管[48, 81, 86, 95]的关键指标参数，包括BV、$R_{on,sp}$和正向偏压V_F = 5 V时的输出电流I_F。FP JBSD的I_F值最大，A = 9 mm²和16 mm²时分别为30 A和41 A。与具有相同阳极面积A = 9 mm²的β-Ga_2O_3 HJD相比，FP JBSD实现了更高的

BV和更低的$R_{on,sp}$，且其输出电流几乎增大一倍，显示出FP JBSD具有良好的电学性能。

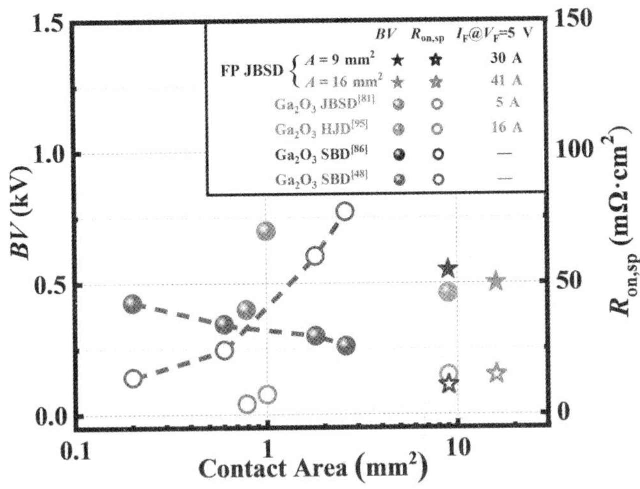

图4-13　FP JBSD和对比器件的BV、$R_{on,sp}$和I_F@V_F = 5 V比较

根据第2.3节所述的热阻测试方法，油浴获得温度校准系数K，FP JBSD在125℃时的功率值为12.5 W左右，从而在芯片与控温台之间有/无硅脂的情况下获得的9 mm²和16 mm² FP JBSD的加热响应曲线测试结果如图4-14所示。根据双界面法，图4-13中两曲线开始分离时对应的热阻即为器件的准确热阻R_t，9 mm²和16 mm² FP JBSD的R_t分别为6.8 ℃/ W和5.6 ℃/ W。对于较大的芯片尺寸，测得的R_t值更小，这是由于散热面积增大所致。

表4-1进一步对比总结了FP JBSD与文献报道和商用器件的PFOM和热阻R_t，所比较的器件具有相似的耐压级别。FP JBSD具有较高的功率优值PFOM = $BV^2/R_{on,sp}$ = 27.5 MW/cm²，大约为具有相同阳极面积的β-Ga_2O_3 HJD的两倍。另外，与一些商用Si和SiC SBD相比，在R_t指标方面也具有一定优势。

综上所述，所研制的大功率FP JBSD具有良好的电学性能和热可靠性。

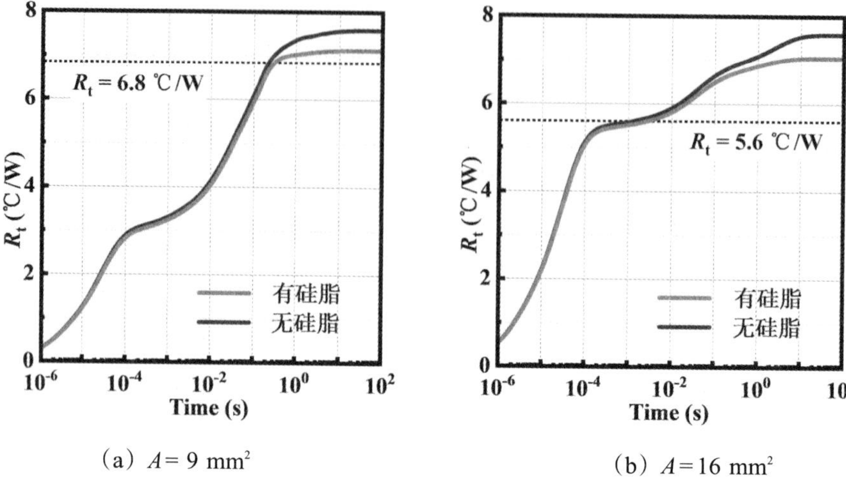

（a）A= 9 mm²　　（b）A=16 mm²

图4-14　FP JBSD的双界面法加热响应曲线

表4-1　FP JBSD与相似耐压级别的二极管性能比较

Devices	BV (V)	$BV^2/R_{on,sp}$ (MW/cm²)	R_t (℃/W)
FP JBSD（A = 9 mm²）	550	27.5	6.8
FP JBSD（A = 16 mm²）	500	16.7	5.6
Ga_2O_3 HJD（A = 9 mm²）[95]	462	14.2	
Ga_2O_3 SBD（A = 1.8 mm²）[86]	300	1.5	
Ga_2O_3 SBD（A = 0.8 mm²）[48]	400	40	
Commercial SiC SBD [96]	600		13.9
Commercial Si FRD [97]	600		20.0
Commercial SiC SBD [98]	600		7.0

4.2 RESURF氧化镓肖特基二极管

4.2.1 器件结构和工作机理

所研制的具有RESURF效应的氧化镓SBD（后续简称：RESURF SBD）如图4-15所示，其阳极接触面积为2×2 mm²。RESURF SBD的结构特征为：

其一，漂移区上部经热氧化处理（thermal oxidation treatment，TOT）形成热氧化区域；

其二，终端区氧化镓被刻蚀形成深度150 nm的凹槽，其中填满SiO_2介质。

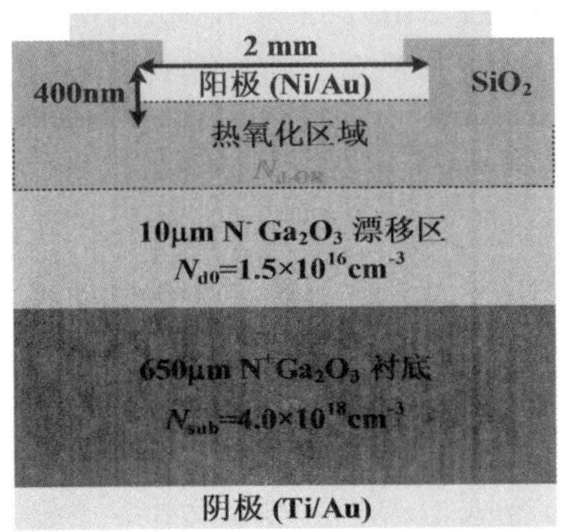

图4-15 RESURF SBD结构示意图

新结构通过调控表面电荷实现RESURF效应的机理按不同结构特征分述如下。

1. 漂移区上部分热氧化区域的作用

不同于第三章所述的CT SBD采用SiO_2保护层仅对终端区域进行热氧化

处理，RESURF SBD对整个外延片上表面进行热氧化处理，减少光刻工艺步骤，降低有源区净载流子浓度，调制电场分布并减小表面峰值电场，从而抑制反向泄漏电流并提高器件耐压。

2. SiO_2槽型终端的作用

以SiO_2介质填充槽型终端来替代部分β-Ga_2O_3半导体，可以减少阳极区域外的电荷量，且推动耗尽区向体内扩展，减小阳极边缘的电场峰值，从而进一步改善击穿特性；另外，槽型终端也具有缩短终端区尺寸的作用。

4.2.2 器件结构参数仿真优化

本节通过Sentaurus TCAD对RESURF SBD结构的作用机制进行仿真验证。仿真结果表明热氧化区域结合SiO_2槽型终端能够有效缓解电场集中并优化表面电场分布，有助于提高器件耐压。

图4-16展示了RESURF SBD和对比结构Trench SBD、TOT SBD、Regular SBD在反偏电压为400 V时的电场分布图。其中Trench SBD结构具有SiO_2槽型终端但无热氧化区域，TOT SBD结构具有热氧化区域但无SiO_2槽型终端，Regular SBD不具有这两种特征结构。图中的O1点代表阳极金属边缘处的位置，而对具有SiO_2槽型终端的RESURF SBD和Trench SBD结构，O2点代表凹槽底部拐角处的位置。

根据实验样品测试结果，设置热氧化区域的深度为2.5 μm，区域内的电子浓度$N_{d\text{-}OR}$为7.5×10^{15} cm^{-3}。其他结构参数也基于测试样品进行设置为：阳极金属厚度为250 nm，漂移区厚度为10 μm，根据外延片销售方提供的参数，未经过热氧化处理的漂移区载流子浓度N_{d0}为1.5×10^{16} cm^{-3}。如图4-16所示，阳极金属边缘处会产生很大的电场尖峰，而采用热氧化区域或SiO_2槽型终端后，电场分布都显示出一定的改善，二者结合更是有效起到降低表面电场峰值的作用，这都有助于抑制反向泄漏电流从而提高器件耐压。

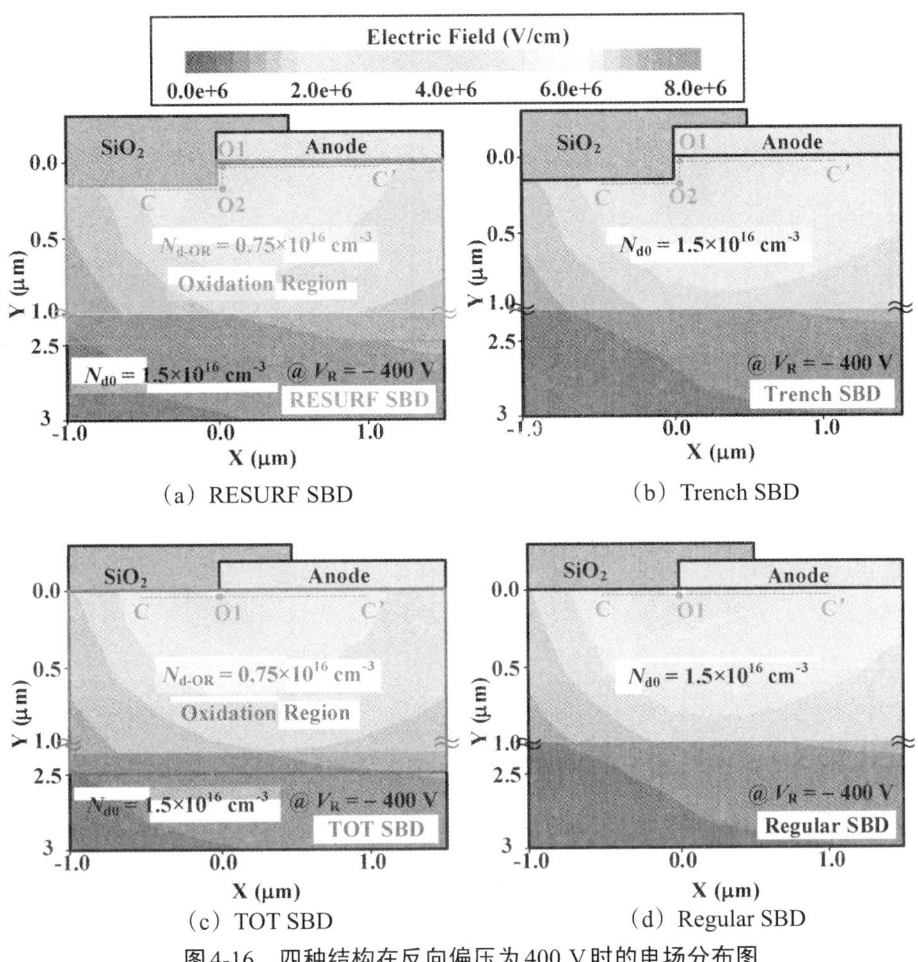

（a）RESURF SBD （b）Trench SBD

（c）TOT SBD （d）Regular SBD

图4-16 四种结构在反向偏压为400 V时的电场分布图

为了进一步定量地对四种结构的电场分布进行比较，沿图4-16中的截线CC’提取RESURF SBD和对比结构的沿漂移区表面的横向电场分布如图4-17（a）所示，在远离终端区的位置提取四种结构的纵向电场分布如图4-17（b）所示。在反向偏压为400 V时，得益于热氧化区域和SiO_2槽型终端，RESURF SBD展现出在四种结构中最低的电场峰值E_{max}，与Trench SBD、TOT SBD和Regular SBD相比，其在O1点的E_{max}值分别降低了16%、19%和31%，避免发生电场集中引致的提前击穿，从而改善器件的击穿特性。另外，热氧化区域在降低表面电场的同时也使体内电场提高，如

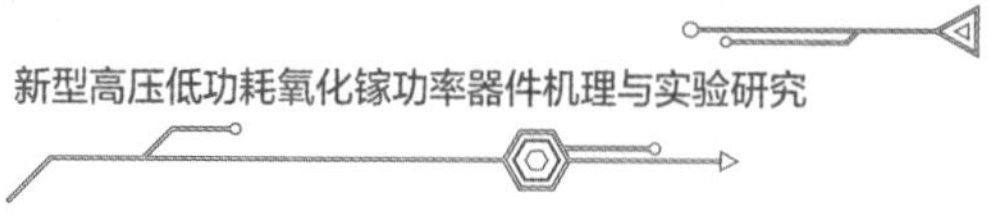

图4-17（b）所示。

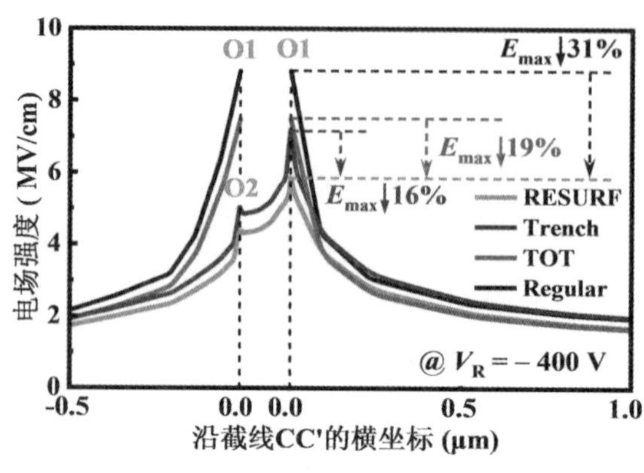

（a）沿漂移区表面的横向电场分布

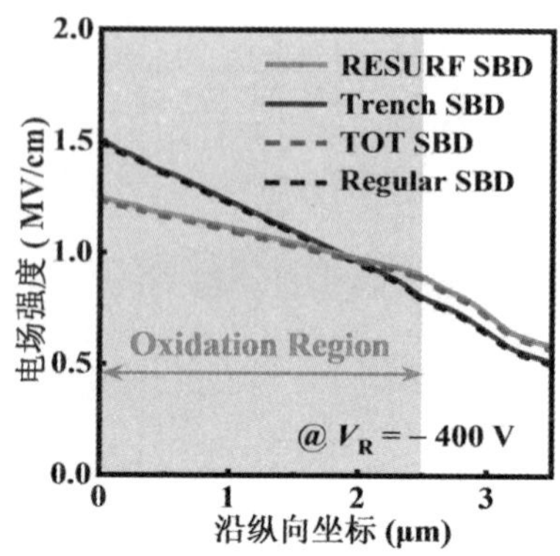

（b）远离终端区的纵向电场分布

图4-17　RESURF SBD和对比结构的电场分布示意图

4.2.3 器件研制与测试分析

4.2.3.1　器件研制工艺流程

本节对上述具有热氧化区域和SiO_2槽型终端的RESURF SBD进行实验研制，制备过程基于HVPE纵向外延片，其中N^+ β-Ga_2O_3衬底厚度为650 μm、掺杂浓度为4×10^{18} cm^{-3}，N^- β-Ga_2O_3漂移区厚度为10 μm、掺杂浓度为1.5×10^{16} cm^{-3}。为实现该RESURF SBD结构，制备过程中的关键工艺流程介绍如下。

1. 形成热氧化区域

首先，进行多次超声清洗和低功率ICP刻蚀，以去除表面有机杂质和亚损伤层，可以提高界面质量、获得更为理想的肖特基接触以提高器件性能；其次，在O_2氛围中进行热处理，工艺温度和时间分别为400 ℃和30分钟，从而整个漂移区表面会被热氧化而实现更低的净载流子浓度，如图4-18所示。

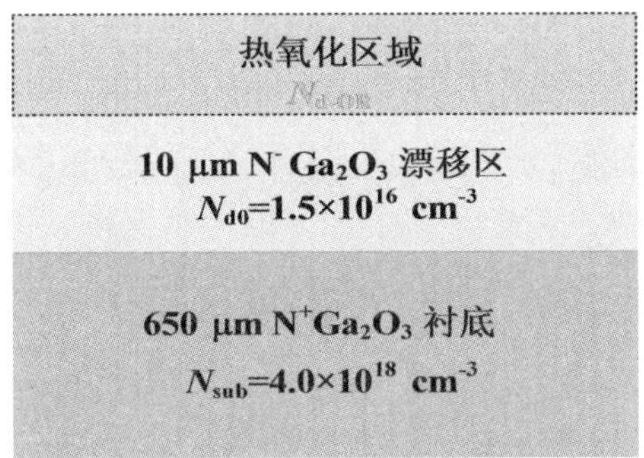

图4-18　热氧化区域形成示意图

2. 形成阴极和阳极金属

首先，采用磁控溅射工艺依次淀积厚度为20 nm金属Ti和200 nm金属Au，并在N_2氛围中进行热退火，工艺温度为450 ℃，形成高质量低阻欧姆接触；其次，采用沉积和剥离工艺制备阳极金属Ni/Au（50 nm /200 nm），在外延层表面形成面积为2×2 mm²阳极接触金属，如图4-19所示。

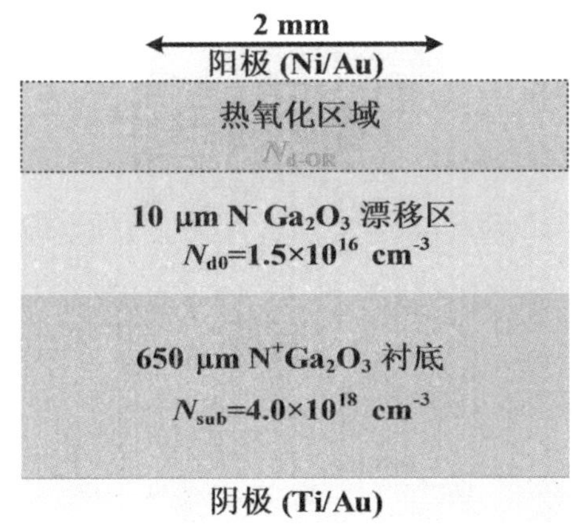

图4-19　阳极和阴极金属形成示意图

3. 形成刻蚀槽

利用上一步工艺形成的2×2 mm²阳极接触金属，采用ICP工艺自对准刻蚀终端区域氧化镓，外延层刻蚀深度为150 nm，结合厚度为250 nm的阳极金属，形成的终端区凹槽深度为400 nm。

4. 形成 SiO_2 槽型终端

首先，依次在常温下采用CVD方法和在350℃下采用PECVD方法淀积 SiO_2 层填充终端区凹槽，以同时实现具有低界面态的 $SiO_2/\beta\text{-}Ga_2O_3$ 界面和高质量、高致密度的 SiO_2 介质层；其次，进行光刻图案化，采用BOE溶液刻蚀 SiO_2 形成窗口以露出阳极金属，如图4-20所示。

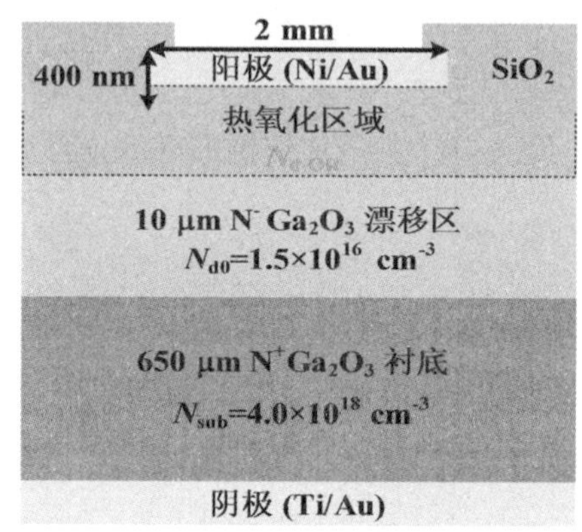

图4-20 SiO_2 槽型终端形成示意图

5. 金属加厚及封装

首先，将阳极和阴极金属加厚至2 μm以防止器件在封装过程中性能退化；其次，切割氧化镓晶圆并进行封装以便于进行后续测试，如图4-21所示。

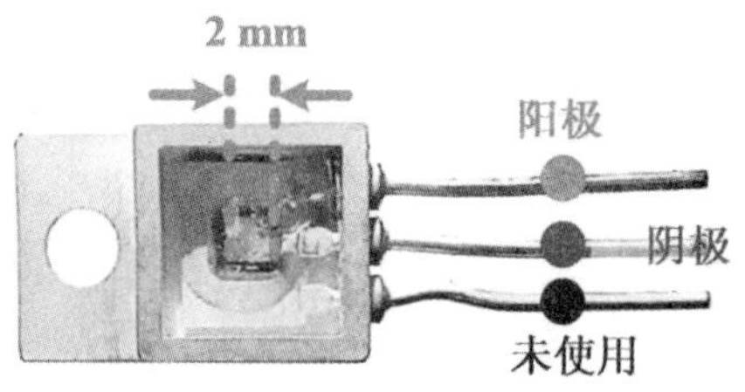

图4-21 RESURF SBD器件封装样品示意图

4.2.3.2 常温测试分析

本节实验测试了具有600 V耐压级别的大功率RESURF SBD样品在未被施加高温存储（high temperature storage，HTS）应力之前的初始性能，包括 $C\text{-}V$ 特性、正反向 $I\text{-}V$ 特性和反向恢复特性。

图4-22显示了室温下测得的C-V和$1/C^2$-V曲线，对应反向偏置V_R的范围为0 V ～ −42 V。C-V测试所采用的频率为100 kHz。根据测试结果和第4.1.3.2节所述的公式（4-3）和（4-4），可以计算获得漂移区电子浓度N_d和内建电势V_{bi}。由于热氧化处理的作用，对应不同的V_R的$1/C^2$-V曲线斜率随之变化，所以计算得到的N_d不再是一个定值；而在不同V_R下测得的电容值C由当前耗尽区扩展程度决定，因此根据该原理，不同V_R下的N_d对应的深度D可以通过公式（4-5）计算。

$$D=\frac{\varepsilon_n\varepsilon_0 A}{C} \tag{4-5}$$

基于计算结果，N_d的分布如图4-22（b）所示。在施加的V_R范围内，对应计算的D值最深约在漂移区表面以下2.5 μm左右的位置。在所测得的范围内，热氧化区域内的电子浓度$N_{d\text{-}OR}$的平均值约为7.5×10^{15} cm^{-3}，明显小于初始的漂移区载流子浓度$N_{d0}=1.5\times10^{16}$ cm^{-3}；随深度的增加，$N_{d\text{-}OR}$值呈现出略微增加的趋势。由此可以推断，热氧化处理有降低漂移区电子浓度的作用，且该作用随着深度的增加而削弱。这是由于更靠近表面的已氧化的β-Ga_2O_3起到类似掩膜的作用，作为扩散阻挡层抑制氧气向内的扩散。此外，内建电势$V_{bi}=1.0$ V是通过将$1/C^2$-V曲线进行线性拟合而获得的其在X轴的截距（$1/C^2=0$），如图4-22（a）中插入图所示。

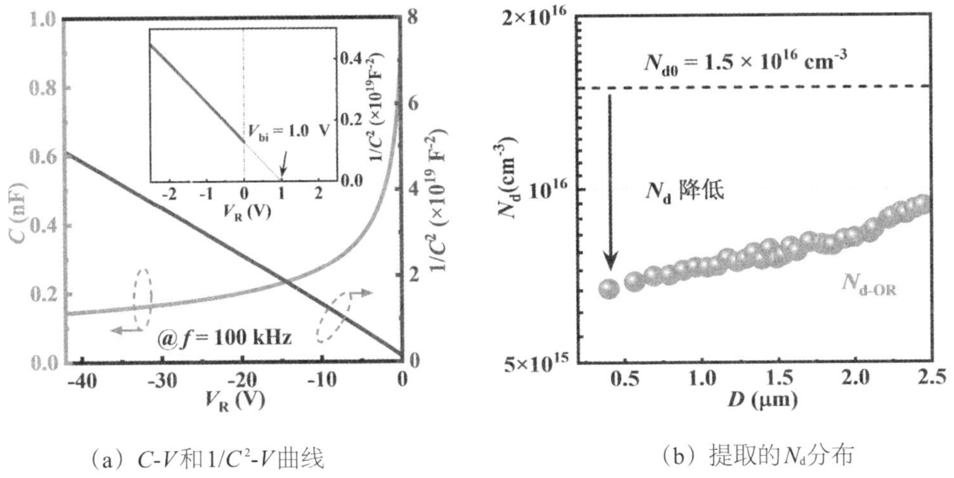

（a）C-V和$1/C^2$-V曲线　　（b）提取的N_d分布

图4-22　RESURF SBD的C-V测试结果

图4-23为RESURF SBD的正反向*I-V*特性测试曲线。在室温下，当施加正向偏置为3.0 V时，输出电流可以达到7 A，器件电阻约为0.3 Ω。如图4-23的插入图所示，在反向偏压为600 V时，RESURF SBD实现了低于10 μA的超低反向泄漏电流。这说明热氧化区域结合SiO_2槽型终端具有的降低表面峰值电场和漂移层电荷的作用有助于获得低反向泄漏电流以改善耐压特性。

RESURF SBD在温度范围为300～450 K的半对数坐标和线性坐标下的正向*I-V*特性曲线和提取的$R_{on,sp}$如图4-24所示。器件样品在每个温度下的测试完成后继续保持该温度，直至升温至下一测试温度，最后恢复至室温进行重复测试。随着温度从300 K上升到450 K，RESURF SBD在正向电流为1 A/cm²时的开启电压V_{on}从0.8 V降低到0.6 V。如图4-24（a）的插入图所示的理想因子*n*和肖特基势垒高度Φ_B随温度的变化关系，当温度从300 K升高到450 K，*n*从1.05 eV降低到1.01 eV，而Φ_B从1.18 eV增加到1.22 eV，二者均几乎不受温度影响，表现出较高的热稳定性。此外，由于电子迁移率随温度升高而降低，如图4-24（b）所示，在正向偏压为3.0 V时，450 K下的正向输出电流从7 A降低至5.3 A，电阻从0.3 Ω增加至约0.43 Ω左右。在450 K下的测试结束后，将器件冷却至室温并重复进行正向*I-V*测试，其结果与最初在室温下的测试结果几乎一致，再一次说明短时间的高温不会降低氧化镓SBD的正向电学性能。

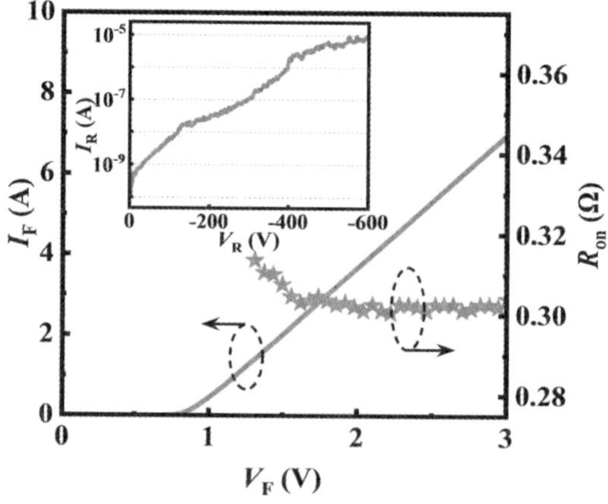

图4-23　RESURF SBD的正反向*I-V*测试结果及提取的R_{on}

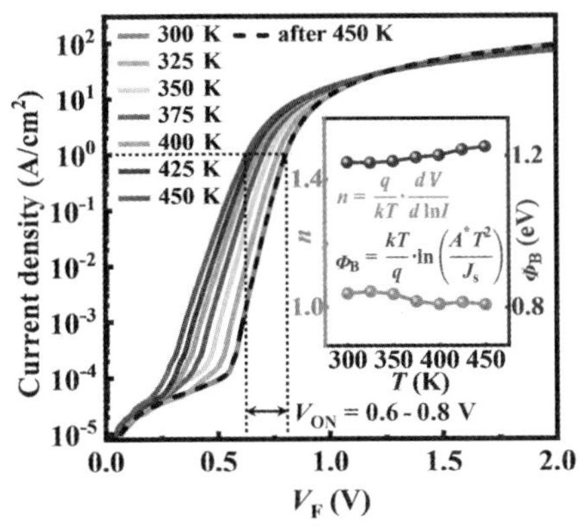

（a）半对数坐标下的J_F-V_F特性曲线

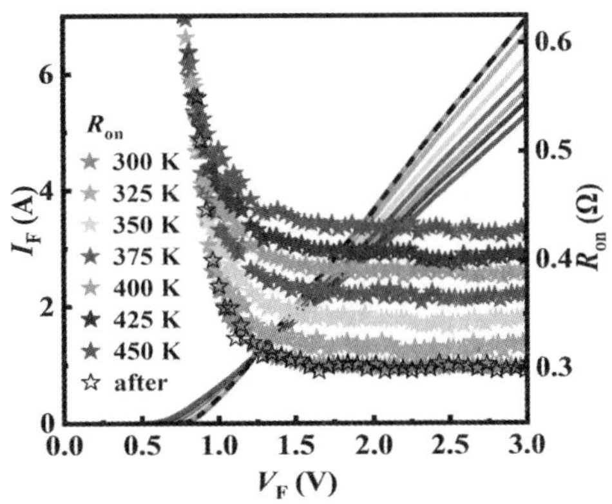

（b）线性坐标下的J_F-V_F特性曲线和提取的R_{on}

图4-24 RESURF SBD的J_F-V_F特性测试结果

基于能带理论，Φ_B和V_{bi}之间的计算关系也可以由公式（4-6）给出，其中N_C为导带有效状态密度，可根据公式（4-7）进行计算。

$$\Phi_B = qV_{bi} + (E_C - E_F) = qV_{bi} + k_0 T \cdot \ln\left(\frac{N_C}{N_d}\right) \tag{4-6}$$

$$N_C = 2\left(\frac{2\pi m_n^* k_0 T}{\hbar}\right)^{\frac{3}{2}} \tag{4-7}$$

其中，m_n^*为氧化镓的电子有效质量，在文献［99］中获得的实验结果约为0.28 ± 0.01m$_e$；m_e为自由电子质量或静止质量，其值为9.108 × 10^{-31} kg；$\hbar$为约化普朗克常数，其值为1.054 × 10^{-34} J·s。根据公式（4-7）计算的N_C约为3.74 × 10^{18} cm^{-3}，结合图4-22中获得的V_{bi} = 1.0 V，则由公式（4-6）估算出的Φ_B值约为1.15 eV，与从图4-24（a）的J-V测试曲线中提取的Φ_B值非常吻合。

图4-25展示了RESURF SBD封装样品的反向恢复特性测试电路及在不同di/dt下的测试结果。测试电路中所设置的电感L = 10 mH，直流电源V_{DD} = 100 V，发生反向恢复前的电流I_{fwd} = 1 A，不同的di/dt值由测试系统灵活调节。di/dt的增加意味着开关速度的加快，从而T_{rr}降低且电流过冲增大，最终由第3.3.2节中的公式（3-4）计算得到的Q_{rr}增大。在di/dt = 10 ～ 50 A/μs

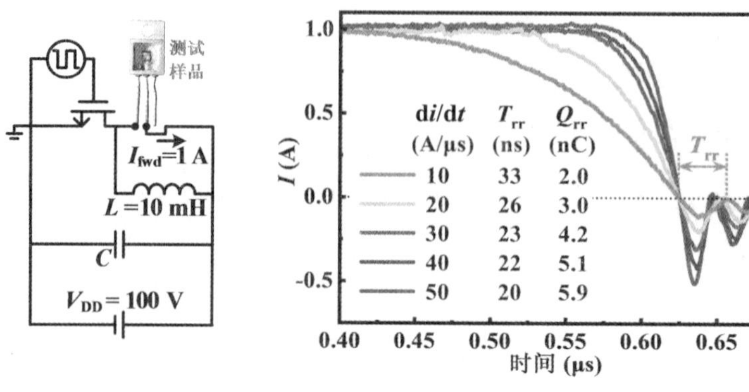

（a）测试电路　　（b）不同d*i*/d*t*下的测试结果

图4-25　RESURF SBD反向恢复测试

时，RESURF SBD的T_{rr}为33～20 ns，Q_{rr}为2.0～5.9 nC。因此，RESURF SBD可根据不同开关性能需求应用于功率转换系统。

4.2.3.3　HTS测试分析

本节对器件样品施加HTS应力并进行相应测试，实验研究分析了RESURF SBD样品在HTS应力前后的*C-V*、正反向*I-V*和反向恢复特性进行比较分析以评估其HTS可靠性。

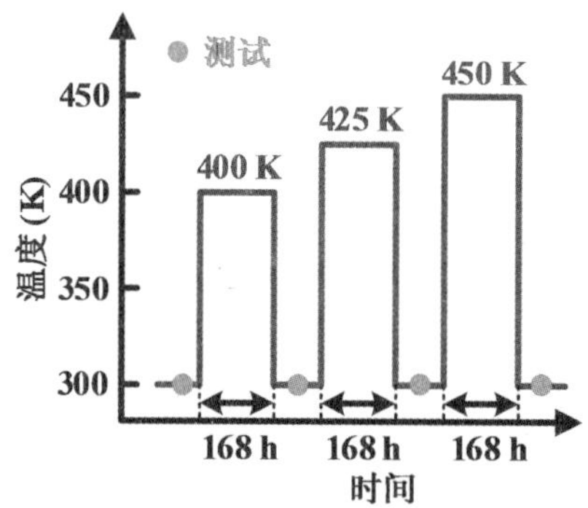

图4-26　MSM方法测试HTS可靠性

HTS测试采用MSM（measure-stress-measure）方法，即测试后施加不同应力并再次测试，从而评估RESURF SBD样品承受HTS应力的可靠性。在第一次施加HTS应力之前，在室温下测试的初始器件（Fresh）性能如

图4-22 ~ 图4-25所示。HTS测试流程如图4-26所示，高温应力分别为400 K、425 K和450 K，不同HTS应力的持续时间均设置为168小时。在每次HTS应力后，将实验样品冷却至室温并进行正反向*I-V*、*C-V*和反向恢复特性测试，以监测其电学性能指标参数的变化。

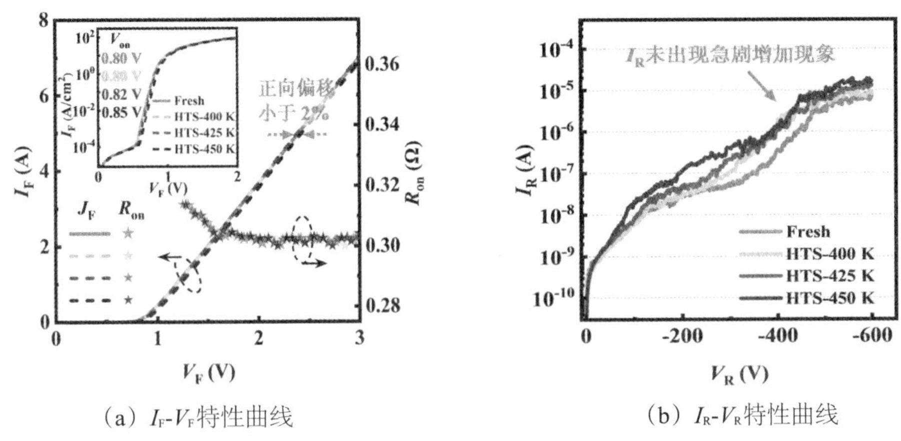

（a）I_F-V_F特性曲线　　（b）I_R-V_R特性曲线

图4-27　HTS应力前后的正反向*I-V*特性测试结果

图4-27为每次HTS应力前后RESURF SBD样品在室温下测得的正反向*I-V*特性曲线。在400 K高温应力前后，正向*I-V*曲线完全重合，且反向偏压为600 V时的反向泄漏电流几乎相同。在425 K高温应力后，器件性能开始出现轻微变化，开启电压增加极少的0.02 V，反向泄漏电流表现出增加的趋势。在450 K高温应力后，正向*I-V*曲线出现了轻微的正向偏移，相同正向电流下的电压偏移量约小于2%，而比导通电阻$R_{on,sp}$几乎不变；如图4-27（a）插入图所示，器件的开启电压也仅增加约0.05 V。在所有HTS应力后，器件样品仍然可以承受600 V的反向偏压，反向泄漏电流相较于施加HTS应力之前的结果显示出可观察到的增量，但没有出现急剧增加的情况，如图4-27（b）所示。

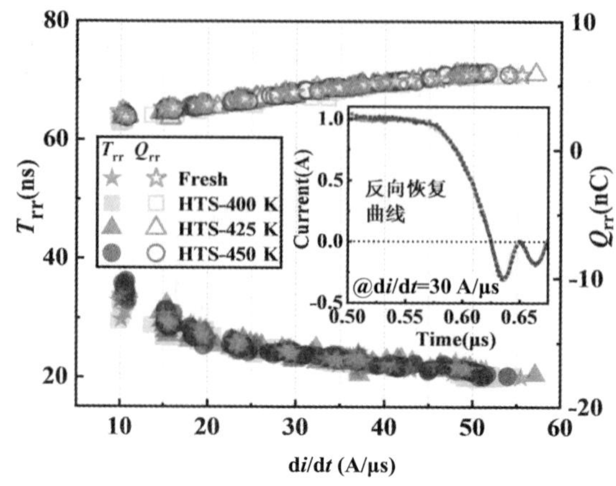

图4-28　HTS应力前后反向恢复特性的变化

HTS应力前后的反向恢复特性如图4-28所示，相同di/dt下的T_{rr}和Q_{rr}没有出现明显差异，其波动均小于5%，且插入图中反向恢复曲线几乎完全重合。由此可以推断，400 ～ 450 K持续168小时的HTS应力对RESURF SBD样品的静动态电学特性影响较小，证明了该器件具有优异的热稳定性。

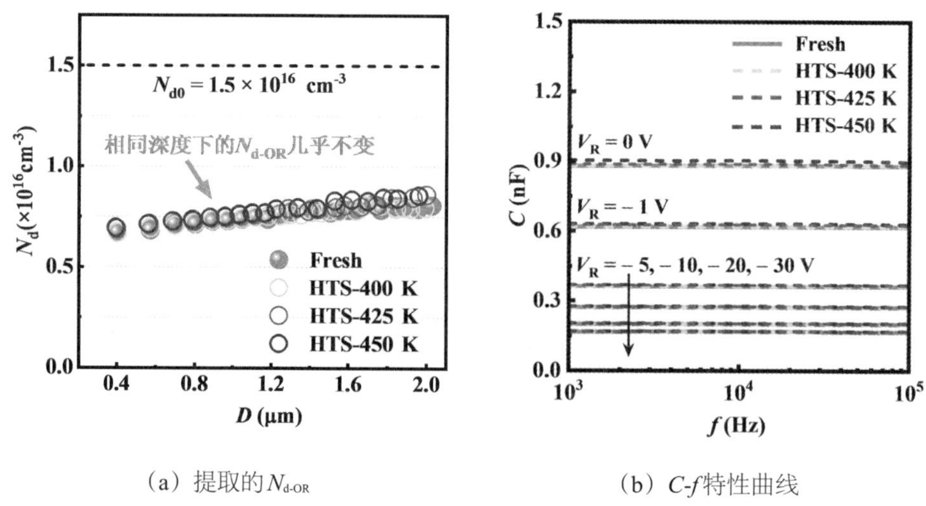

（a）提取的$N_{d\text{-}OR}$　　（b）C-f特性曲线

图4-29　HTS应力前后的测试结果

此外，根据图4-29（a）的计算结果，在450 K的HTS应力后，几乎观察不到从1/C^2-V测试曲线中提取的$N_{d\text{-}OR}$值的变化。结果表明所施加的长时间HTS应力对热氧化区域的净载流子浓度影响较小，这是由于热氧化处理是在400 ℃的高温下进行，该温度远高于后续测试中施加的热应力。图4-29（b）显示了电容-频率（*C-f*）特性测试结果。由于耗尽区随着反向偏压的增大而不断扩展，因此测得的电容减小。根据公式（4-8），界面态对电容的贡献C_{it}是空间电荷区电容C_{sc}的叠加电容，其中τ为界面电荷的时间常数。如图4-29（b）所示，当测试频率在1 kHz到100 kHz之间变化时，不同反向偏置下测得的电容值C均几乎不随f变化，这说明在该频率范围内，测得的恒定电容值几乎仅为空间电荷区电容C_{sc}而界面态对电容的贡献可忽略，即没有时间常数τ小于1 ms的界面电荷参与释放或捕获电子。以上结果表明，通过热氧化处理和界面处理可以有效地实现低界面态，从而有助于实现高整流比和低反向泄漏电流。

$$C = C_{SC} + \frac{C_{it}}{1+\left(2\pi f\tau\right)^2} \tag{4-8}$$

4.3 本章小结

本章介绍了两类大功率的氧化镓二极管，并对其电学性能和电热应力可靠性进行实验研究。

FP JBSD采用NiO/β-Ga_2O_3异质结使实验样品结合SBD正向导通电压小和PN结二极管反向耐压能力强的优点，实现低反向泄漏电流，此外也采用金属场板进一步改善耐压。在阳极接触面积为9 mm^{2}和16 mm^{2}的情况下，制备的FP JBSD的BV分别为550 V和500 V，$R_{on,sp}$分别为11 mΩ·cm^{2}和15 mΩ·cm^2。在长期高温应力前后，16 mm^{2}的FP JBSD的C-V和正向I-V曲线基本重合，且BV相同。结果表明，制备的大功率FP JBSD具有良好的电性能和热可靠性，显示出其可作为高功率和高温应用的候选。

RESURF SBD的结构特征为热氧化区域和SiO_2槽型终端。其中，热氧化区域减少漂移区净载流子浓度，调制电场分布并减小表面峰值电场，从而抑制反向泄漏电流并提高器件耐压；SiO_2槽型终端减少阳极区域外的电荷且使耗尽区向体内扩展，减小阳极边缘的表面电场峰值，从而进一步改善击穿特性。器件样品具有600 V的耐压级别，反向泄漏电流小于10 μA，正向输出电流可以达到7 A。在温度为400 ～ 450 K、时间均为168小时的HTS应力后，器件的正向*I-V*曲线的正向偏移量小于2%，导通电阻几乎恒定，开启电压仅增加0.05 V；耐压级别仍可达到600 V，且反向泄漏电流没有出现急剧增加的现象；提取的反向恢复时间和电荷的波动范围小于5%。实验结果表明，RESURF SBD具有良好的电学特性和热稳定性，显示其在高温条件下工作的潜力。

第五章

低功耗鳍型氧化镓功率器件机理研究与优化设计

当前氧化镓功率器件的研究主要集中在高击穿电压和低导通电阻，以充分发挥其在大功率和低损耗应用方面的潜力。鳍型Fin结构应用在氧化镓功率器件中能够有效降低表面电场峰值并减少反向泄漏电流，从而提高耐压和功率优值，其发展现状及机理已在第一章和第二章进行阐述。然而，Fin沟道底部拐角处会由于电场集中效应而发生提前击穿；对于SBD器件，Fin结构通常也会使得开启电压增加，以致导通损耗增加；对于FinFET，Fin结构的宽度越窄越有利于提高阈值电压，但当FinFET应用在功率系统如逆变电路中时，如用FinFET本身实现反向续流，窄的Fin不可避免地导致高反向导通（reverse conduction，RC）电压，导致反向导通损耗增加。这些问题都限制了具有鳍型结构的氧化镓功率器件在高功率低损耗电力电子系统中应用潜力发挥。

针对以上问题，本章提出一种具有Fin结构的氧化镓无结二极管，采用Fin沟道结合欧姆接触阳极，使器件兼具低开启电压和高击穿电压，复合场板缓解Fin沟道底部的电场集中并进一步提高耐压，为高功率低损耗氧化镓二极管提供了一种新的设计理念；进一步地，该新型无结二极管可与FinFET兼容集成，构成兼具低反向导通电压和高阈值电压的氧化镓RC-FinFET，充分发挥其在高功率低损耗功率转换系统中的应用潜力。

以上两种结构均通过仿真软件Sentaurus TCAD进行机理验证与参数优化设计。

5.1 具有低开启电压的氧化镓无结二极管

5.1.1 器件结构和工作机理

具有低开启电压的氧化镓无结二极管新器件结构如图5-1所示，其结构特征为：

其一，Fin沟道结合欧姆接触阳极（Fin channel combined with Ohmic contact anode，FO）；

其二，Al_2O_3和SiN_X双电介质层与阳极金属形成的复合场板（Composite Field-plate，CF）。

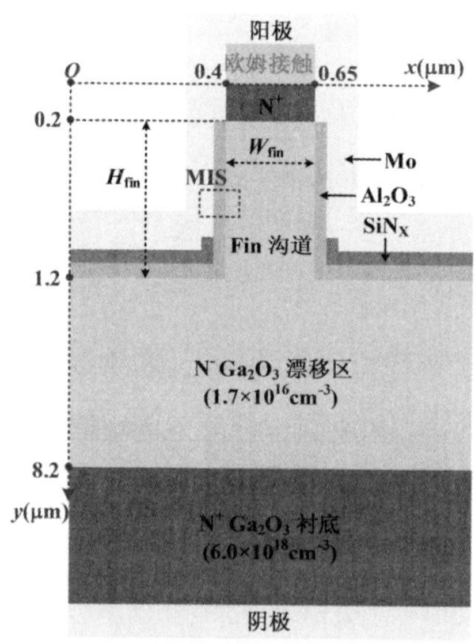

图5-1　FOCF二极管结构示意图

FOCF二极管的创新性工作机理如下所述。

Fin沟道两侧为Al_2O_3介质，阳极金属向下延伸，包围Fin结构两侧，构建MIS（metal-insulator-semiconductor）结构，如图5-2（a）所示。在零偏置下，利用阳极金属与氧化镓半导体的功函数差耗尽Fin型导电沟道，从而实现器件关断，其在反向偏置下也有利于实现高耐压和低泄漏电流；当正向偏压V_F逐渐增大到开启电压V_{on}，耗尽区向两侧收缩使Fin沟道中心出现中性导电区，如图5-2（b）所示，器件开始导通，而Fin沟道侧壁仍是耗尽状态；随V_F进一步增加，Fin沟道侧壁形成电子积累层从而减小沟道电阻、提高正向导通性能，如图5-2（c）所示。正是由于FOCF二极管可以通过夹断Fin沟道实现关断，这就允许阳极采用欧姆接触取代肖特基接触，可以通过调节Fin沟道宽度和Al_2O_3介质厚度等来灵活调节MIS结构的耗尽作用，以在保持高耐压的情况下实现极低开启电压，且相较于肖特基接触具有更好的温度稳定性。

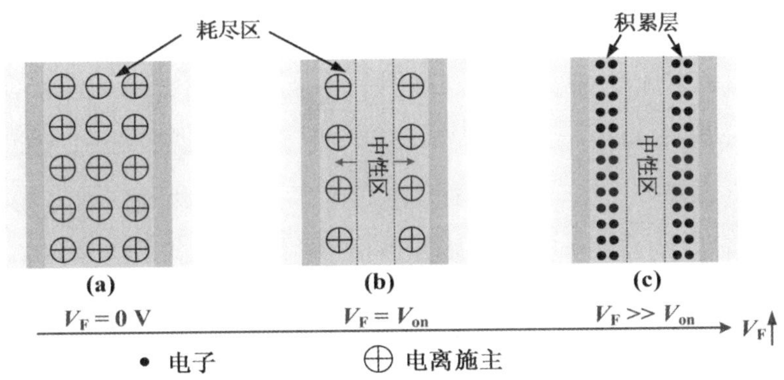

图5-2　FOCF二极管实现关断/导通工作机理

平面的氧化镓SBD是利用肖特基接触的高势垒实现关断，如图5-3（a）所示，但电场集中效应使其耐压受限。进一步对于具有Fin结构的SBD[38-39]，虽然可以通过RESURF效应改善耐压，但其在导通时，电子不但需要克服肖特基势垒，还需要克服MIS结构的耗尽作用形成的势垒，不可避免地导致高开启电压。为了方便后续机理验证和性能对比，本节设计了具有Fin结构的SBD，器件结构如图5-3（b）所示，其Fin沟道结合肖特基接触阳极

（Fin channel combined with Schottky contact anode，FS），并且也具有复合场板CF，后续简称FSCF二极管。也就是说，FOCF和FSCF二极管的区别仅在于阳极接触不同，以证明欧姆接触阳极在FOCF二极管中的作用。如图5-3（c）所示，FOCF二极管不但利用Fin结构的RESURF效应改善耐压，而且实现比平面SBD和FSCF二极管更低的开启电压。

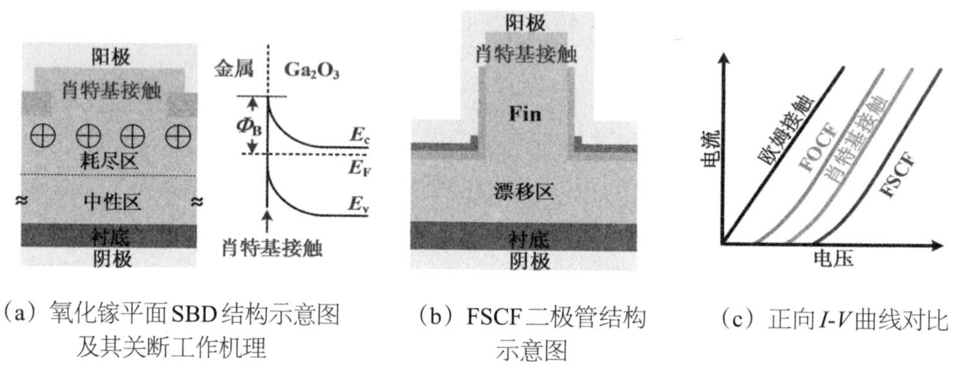

（a）氧化镓平面SBD结构示意图及其关断工作机理　（b）FSCF二极管结构示意图　（c）正向*I-V*曲线对比

图5-3　对比结构及定性比较

复合场板的作用机理如图5-4所示。与无复合场板CF的结构相比，Al_2O_3和SiN_X双电介质层形成阶梯场板，缓解Fin沟道底部拐角处的电场集中，降低电场峰值，进一步改善器件的击穿特性。此外，阶梯场板不会加厚Fin沟道侧壁的介质，避免削弱MIS结构在导通状态下的积累作用和关断状态下的夹断作用。因此，新型FOCF二极管兼具低开启电压和高击穿电压。

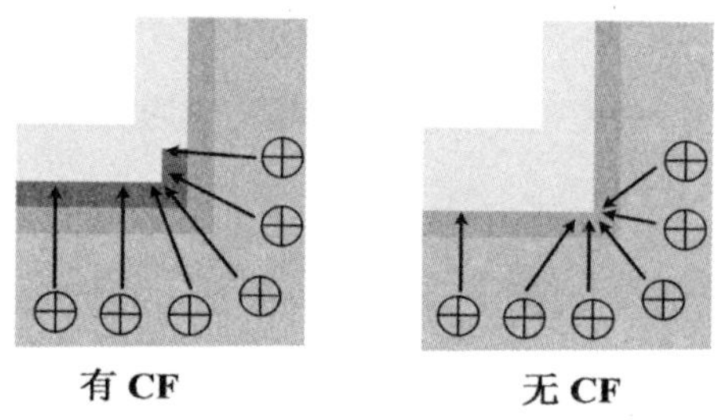

图5-4　复合场板缓解Fin沟道拐角处电场集中机理

阳极金属采用功函数为4.6 eV的Mo，外延层厚度设计为8.2 μm，其中包括Fin沟道顶部厚度为0.2 μm的高掺杂β-Ga_2O_3层以降低欧姆接触电阻。

仿真中使用的坐标系及结构参数也在图5-1中标出。Al_2O_3和SiN_X的厚度均为15 nm，W_{Fin}和H_{Fin}为Fin沟道的宽度和高度，N_d为Fin沟道和漂移区的掺杂浓度。除参数优化部分外，W_{Fin}、H_{Fin}、N_d的取值分别设定为0.25 μm、1.0 μm和1.7×10^{16} cm^{-3}。

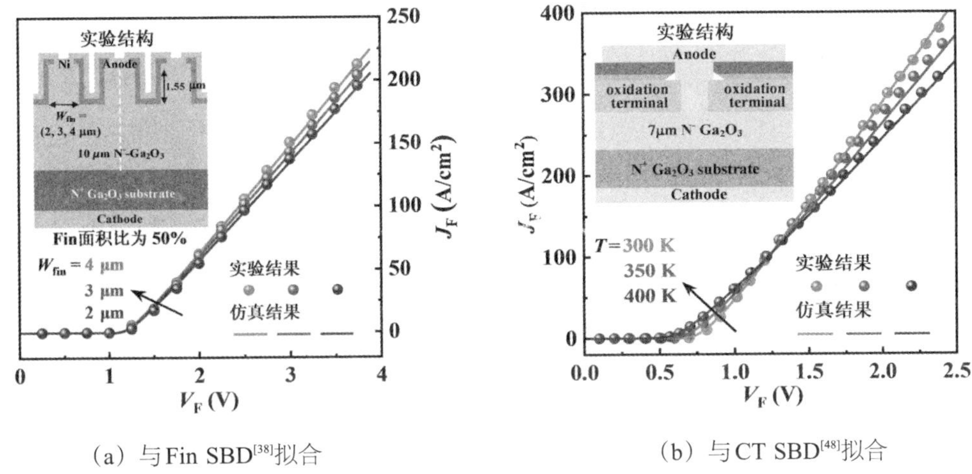

(a) 与Fin SBD[38]拟合　　(b) 与CT SBD[48]拟合

图5-5　实验与仿真结果拟合

本书采用Sentaurus TCAD仿真软件对器件的电学特性进行了研究。为了确保足够的仿真准确性，通过将仿真结果（结构参数与实验样品相同）与已报道的β-Ga_2O_3 Fin SBD[38]和所研制的β-Ga_2O_3 SBD（即第三章的CT SBD）[48]的实验数据进行对比，从而证明仿真中使用的物理模型和热模型的准确性，如图5-5所示。在漂移区中，β-Ga_2O_3的相对介电常数k和电子迁移率分别设置为10和120 $cm^2 \cdot V^{-1} \cdot s^{-1}$。干法蚀刻形成Fin沟道造成的刻蚀损伤会导致受主型界面态和低有效电子迁移率，使比导通电阻增加。根据文献［78］和［100］报道的实验结果，将Fin沟道侧壁的等效负界面电荷密度设为8×10^{11} $cm^{-2} \cdot eV^{-1}$，将Fin沟道内的有效电子迁移率设为30 $cm^2 \cdot V^{-1} \cdot s^{-1}$。如图5-5（a）所示，实验结果与仿真数据吻合较好，表明了仿真模型的准确性。热导率模型的校准已在第2.1节给出，此处不再赘述。对与温度相关的霍尔迁移率模型，霍尔系数为1.5。如图5-5（b）所示，温度相关的模型准确性也得到验证。此外，网格间距的优化考虑到Fin沟道侧壁的界面电荷和Fin底部的电场集中程度，在界面加入自适应优化函数，从而获得使仿真过程中的数值收敛性更好、仿真结果更精确。

图5-6显示了半对数坐标和线性坐标下的正向J_F-V_F特性曲线。仿真结果显示，FSCF二极管的开启电压为1.15 V，该值与实验研制的Fin SBD[38]的测试结果1.1 V非常吻合，这是由Fin SBD和FSCF二极管的肖特基势垒高度决定的。与FSCF二极管的1.15 V相比，FOCF二极管的开启电压显著降低至0.45 V。在V_F = 1.15 V时，FOCF二极管的正向输出电流J_F是图5-6（a）中FSCF二极管的50倍。如图5-6（b）所示，FOCF二极管的J_F始终大于FSCF二极管的J_F，并且比导通电阻$R_{on,sp}$随着V_F的增大而减小，在V_F = 3 V时为3.3 mΩ·cm^2。

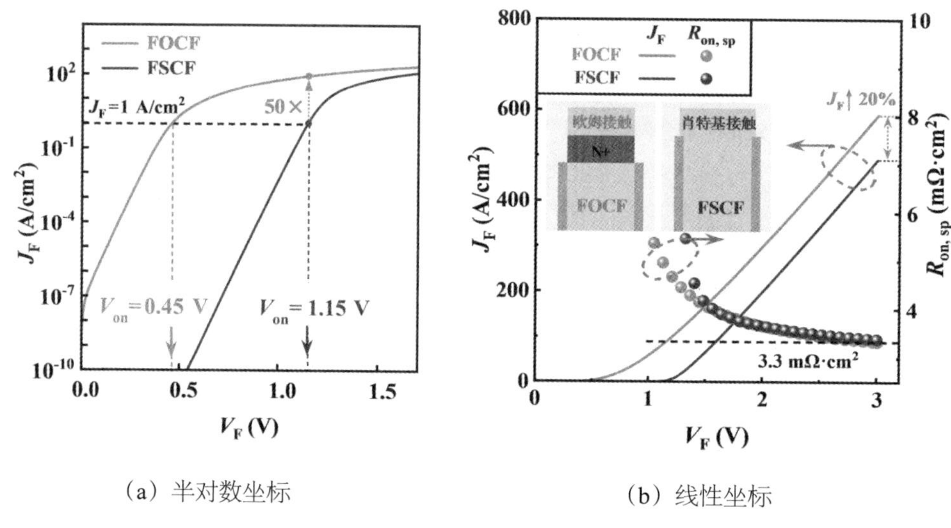

（a）半对数坐标　　（b）线性坐标

图5-6　FOCF和FSCF二极管的J_F-V_F特性

不同V_F值下FOCF和FSCF二极管沿切线AA’的电子电流密度（J_e）分布如图5-7所示，插入图为V_F = 0 V、0.6 V和3.0 V时FOCF和FSCF二极管的二维电子密度分布图，AA’也在插入图中标示。在V_F = 0 V时，Fin沟道中的电子密度远小于N_d（1.7 × 10^{16} cm^{-3}），如图5-7插入图所示，表明Fin沟道被耗尽而没有电子路径。在V_F = 0.6 V时，对于FOCF二极管，耗尽区向两侧收缩，而欧姆接触阳极无电子势垒，因此导电路径打开，如图5-7

(a)插入图中所示的“开启”矩形框，但FSCF二极管仍然处于关断状态，因为肖特基势垒阻挡了电子路径，如图5-7（b）插入图中所示的“关断”矩形框。因此，在$V_F = 0.6$ V时，FOCF二极管的J_e比FSCF二极管的J_e大几乎10个数量级。随着V_F的增大，FOCF二极管的J_e总是大于FSCF二极管的J_e（为方便进行比较，将$J_e = 650$ A/cm²作为基线标记在图5-7）。

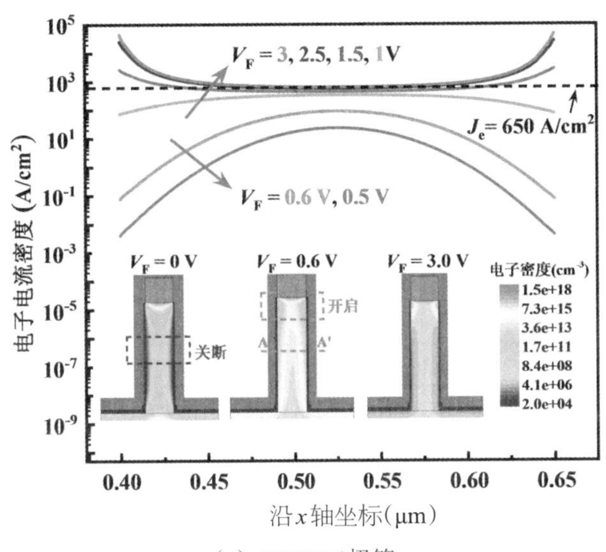

（a）FOCF二极管

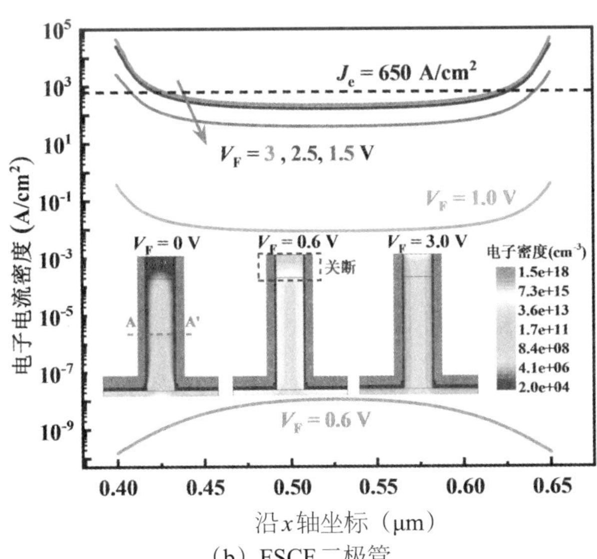

（b）FSCF二极管

图5-7　不同V_F值下FOCF和FSCF二极管沿切线AA’的电子电流密度（J_e）

图5-8显示了$V_F = 3$ V时FOCF二极管Fin沟道右半区的电流密度分布。如其中的插入图所示，Fin沟道电阻相当于积累层电阻R_{ac}与中性区电阻R_n的并联。通过积累层的电流I_{ac}达到正向电流的75%。因此，电子积累层能够有效提高电流能力，显著降低导通电阻。

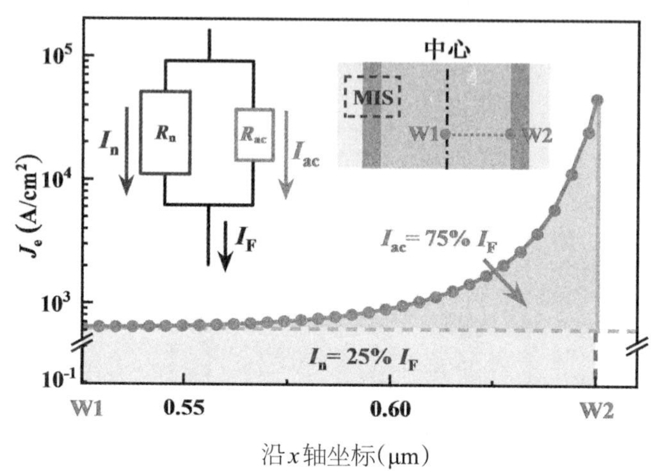

图5-8　FOCF二极管半元胞在$V_F = 3$ V时的电子电流密度分布

图5-9（a）为不同温度下半对数坐标的J_F-V_F曲线，其插入图为Fin沟道中心沿y坐标（标注在图5-1中）的导带能量分布和由夹断效应形成电子势垒高度Φ_B。半对数坐标下的仿真结果清楚地表明，当温度T从300 K增加到425 K时，由于Φ_B从0.46 eV降低到0.30 eV，$V_F = 0$ V时的反向饱和电流密度增加，开启电压V_{on}降低了0.16 V。

图5-9（b）为线性坐标下J_F-V_F曲线与提取的$R_{on,sp}$随温度的变化情况。当T从300 K上升到425 K时，J_F从约600 A/cm^{2}下降到400 A/cm^2，而在$V_F = 3$ V时，由于漂移层中的电子迁移率下降到约70 cm^2·V^{-1}·s^{-1}，在Fin沟道中的电子迁移率下降到18 cm^2·V^{-1}·s^{-1}，$R_{on,sp}$从3.3 mΩ·cm^{2}增加到4.9 mΩ·cm^2。

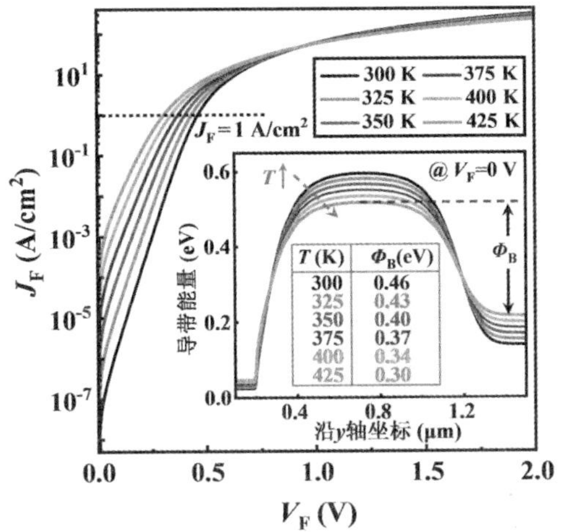

（a）半对数坐标下的J_F-V_F特性曲线

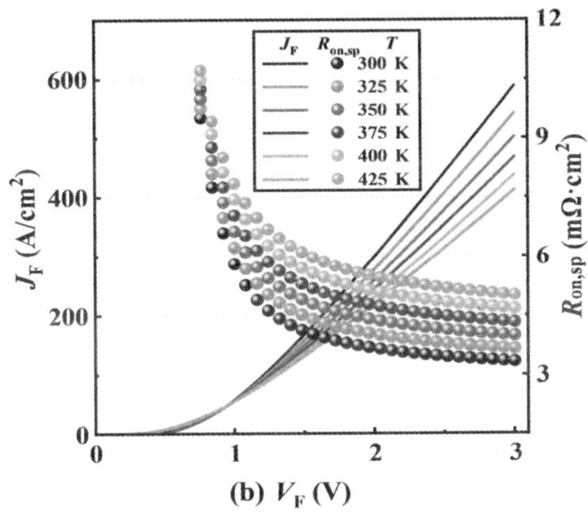

（b）线性坐标下的J_F-V_F特性曲线

图5-9　FOCF二极管的正向导通温度依赖性

图5-10比较了FOCF二极管与对比结构（具有单Al_2O_3层，其他结构与FOCF二极管相同）的沿Fin沟道底部（即图5-10中切线BB’及其延长线）的电场分布。根据高斯定律，具有Al_2O_3/SiN_X双电介质层结构的最大电场E_{max}出现在介电常数k相对较低的介质中，如公式（5-1）所示。

$$E_L \cdot k_L = E_H \cdot k_H \tag{5-1}$$

式中，E_L/E_H和k_L/k_H分别为低/高k电介质的电场强度和介电常数。

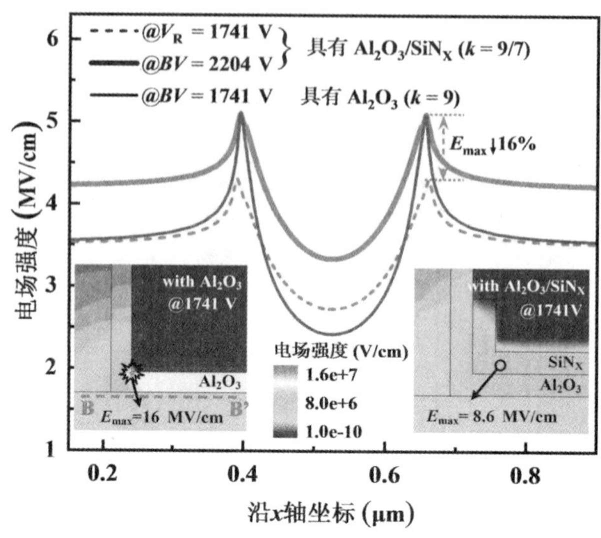

图5-10　具有不同介质层的FOCF二极管沿Fin沟道底部的电场分布图

对于具有单Al_2O_3层的结构，由于E_{max}达到了Al_2O_3临界电场强度16 MV/cm（如图5-10中插入图所示），击穿发生在反向偏置V_R = 1741 V时。因此，在Fin沟道底部引入Al_2O_3/SiN_X双介质层，形成的阶梯场板能够缓解电场集中、调整电场分布，使BV提高到2204 V。如图5-10中插入图所示，在V_R = 1741 V时，FOCF二极管的E_{max}降低到8.6 MV/cm，由于SiN_X的k值小于Al_2O_3的k值，因此E_{max}位于SiN_X层。当V_R = 1741 V时，FOCF二极管中沿切线BB'的氧化镓半导体中的E_{max}比单Al_2O_3层结构的E_{max}小16%。因此，在氧化镓中E_{max}相同的情况下（即图5-10中粗细实线所示），Al_2O_3/SiN_X阶梯场板会带来较高的平均电场，从而使FOCF二极管获得更高的击穿电压。

图5-11比较了FOCF和FSCF二极管的反向阻断特性。图5-11（a）为沿切线CC′（见插入图）的不同V_R下导带能量分布和提取的Φ_B，其中的插入图为BV = 2204 V器件击穿时的导带能量二维轮廓分布图。由于漏诱生势垒降低效应（drain-induced barrier lowering，DIBL），势垒高度和宽度随V_R的增加而减小。图5-11（b）显示了反向电流密度J_R和势垒高度Φ_B随V_R的变化，其中的插入图为FSCF二极管J_R-V_R曲线。随着V_R的增加，Φ_B呈线性减小，J_R呈指数增加。根据提取的Φ_B - V_R值，拟合线性曲线$\Phi_B = aV_R + b$，Φ_B

可以写作V_R的函数即Φ_B（V_R），从而得到J_R正比于$\exp[-\Phi_B(V_R)/kT]$的函数关系，如图5-11（b）所示。图5-11（b）中的“B1”状态下，雪崩击穿发生，之后J_R急剧增加，将$J_R = 10^2$ A/cm²时定义为状态“B2”，以便于说明后续在图5-12中的分析。FSCF二极管在击穿前的J_R小于FOCF结构二极管，这是由于肖特基势垒和夹断效应都会形成电子势垒，进一步阻断了泄漏电流通路。两种结构表现出几乎相同的BV，因为二者具有相同的击穿机制，即Fin沟道底部拐角处的雪崩击穿。

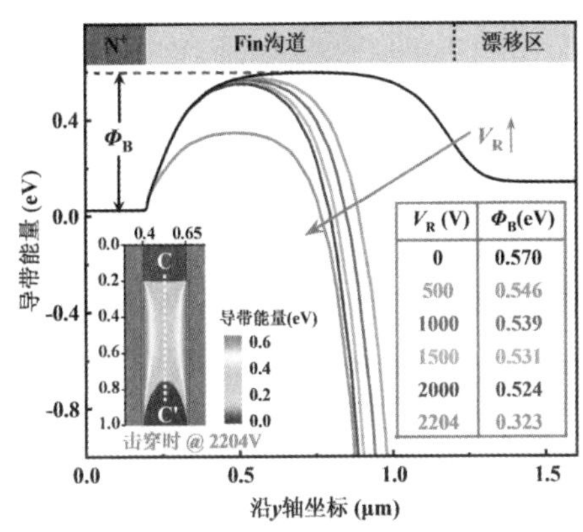

（a）FOCF二极管在不同V_R值下沿切线CC’提取的导带能量分布

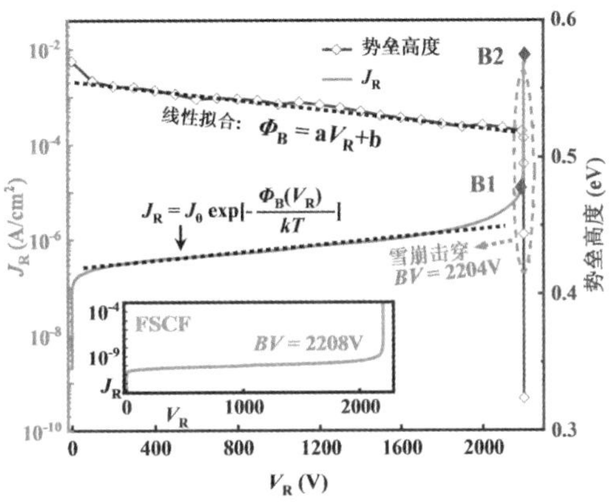

（b）两结构J_R-V_R特性对比

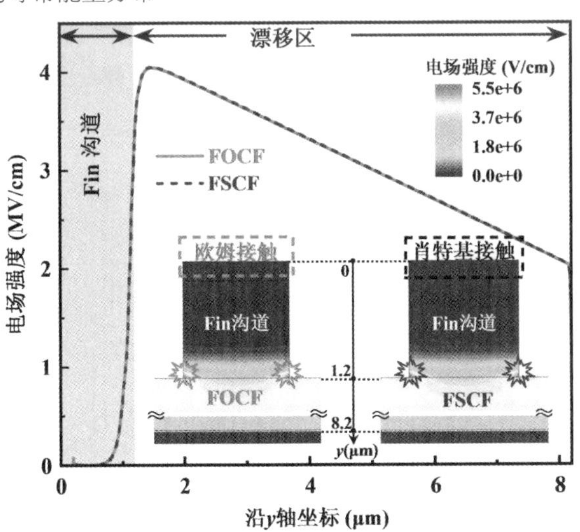

（c）两结构击穿时沿CC′的电场分布

图5-11　FOCF和FSCF二极管的反向阻断特性

不同于文献报道的Fin SBDs可以通过肖特基势垒实现器件的关断而对Fin沟道的宽度没有严格的需求，FOCF二极管需要足够窄的沟道宽度W_{fin}来实现夹断作用。在击穿时，夹断效应会屏蔽Fin沟道（尤其是阳极接触）使其不受高电场的影响。因此，尽管肖特基接触提供的电子势垒会使反向泄漏电流降低，但器件的击穿并不是由于泄漏电流，而是在Fin沟道的底部拐角处发生雪崩击穿，因此无论是肖特基接触还是欧姆接触作为阳极接触，最终的BV是相似的，二者击穿时沿CC′的电场分布相同，并且Fin沟道内电场强度都几乎为零，如图5-11（c）所示。

图5-12（a）和（b）分别为“B1”和“B2”状态下的电子电流密度J_e分布和碰撞电离率分布，插入图标注了碰撞电离率二维分布及其典型值。一方面，“B2”状态下的J_e和碰撞电离率均显著高于“B1”状态，证明了雪崩击穿机制；另一方面，碰撞电离率最高的位置出现在Fin沟道的底部拐角处，证明雪崩击穿发生在该位置。

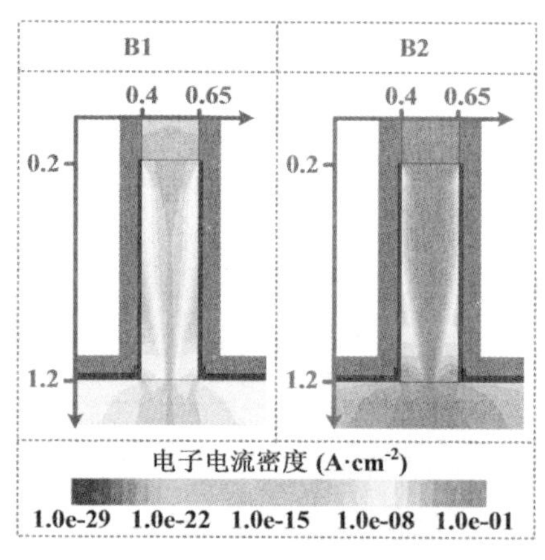

（a）电子电流密度分布图

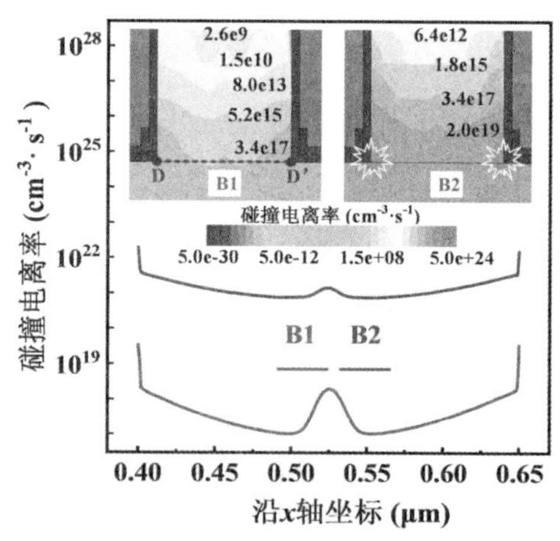

（b）沿切线DD′的碰撞电离率分布

图5-12　FOCF二极管“B1”和“B2”状态比较

图5-13（a）展示了FOCF二极管的J_R-V_R特性曲线随温度的变化，图5-13（b）为温度为300～425 K范围的BV和Φ_B。随着T的增大，一方面，由于Φ_B的减小和热电子电流的增大，J_R显著增大；另一方面，载流子与晶

格之间的碰撞增强，导致损失的能量增加，从而碰撞电离率随温度的增加而减小，因此在图5-13（a）和（b）中BV增大，这说明了BV具有正温度系数。另外，从图5-13（a）的插入图中可以看出，在相同的$I_R = 7 \times 10^{-3}$ A/cm^{2}和$V_R = 2204$ V条件下，$T = 425$ K时的碰撞电离率远小于$T = 300$ K时的碰撞电离率。这证明了FOCF二极管的雪崩击穿机制。

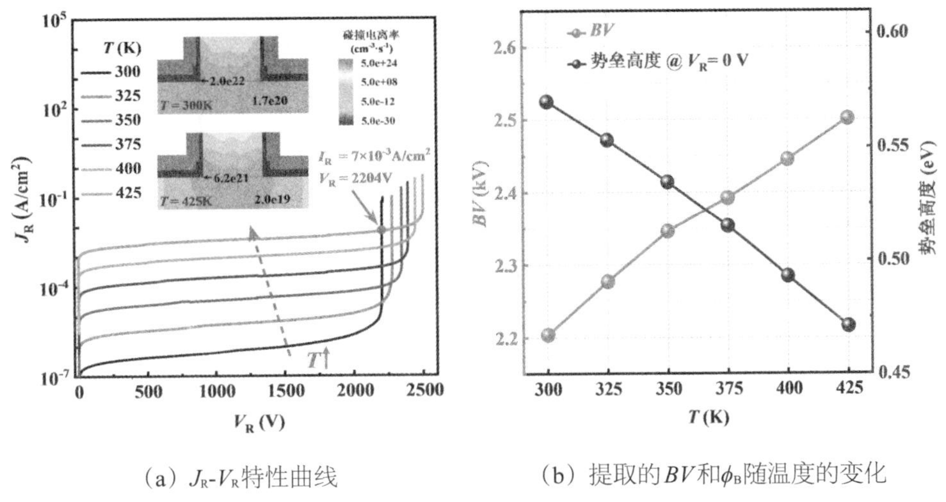

（a）J_R-V_R特性曲线　　（b）提取的BV和ϕ_B随温度的变化

图5-13　FOCF二极管的反向阻断温度依赖性

5.1.2 器件结构参数优化与讨论

图5-14为FOCF二极管（$W_{fin} = 0.25$ μm、$H_{fin} = 1.0$ μm）的比导通电阻$R_{on,sp}$、开启电压V_{on}、击穿电压BV和功率优值PFOM与漂移区掺杂浓度N_d的依赖关系。随着N_d的增大，Fin沟道中的电子密度增加，导致沟道更难被耗尽，即等效于夹断效应减弱。因此，$R_{on,sp}$、V_{on}和BV随着N_d增加呈下降趋势。当$N_d > 2 \times 10^{16}$ cm^{-3}时，由于夹断效应明显减弱即Fin沟道无法被完全耗尽，电子势垒会显著降低以致BV急剧下降。综合仿真结果表明，随着N_d的增加，PFOM首先增大，在$N_d = 1.7 \times 10^{16}$ cm^{-3}时达到最大值1.47 GW/cm^2，

随后显著减小。当$N_d \leqslant 1.0 \times 10^{16}$ cm^{-3}时，夹断作用较强甚至趋于饱和，因此BV对N_d的变化不敏感。如图5-14所示，在PFOM> 1000 MV/cm^{2}的条件下，确定了N_d的优化区间，在该区间范围内，FOCF二极管的BV > 1600 V，$R_{on,sp}$ < 5 mΩ·cm^2，开启电压均比FSCF二极管的1.15 V小50%以上。因此，FOCF二极管具有较宽的优化N_d范围，以保持高PFOM和低V_{on}。在后续我们讨论结构参数优化时，N_d值均设为1.7 × 10^{16} cm^{-3}。

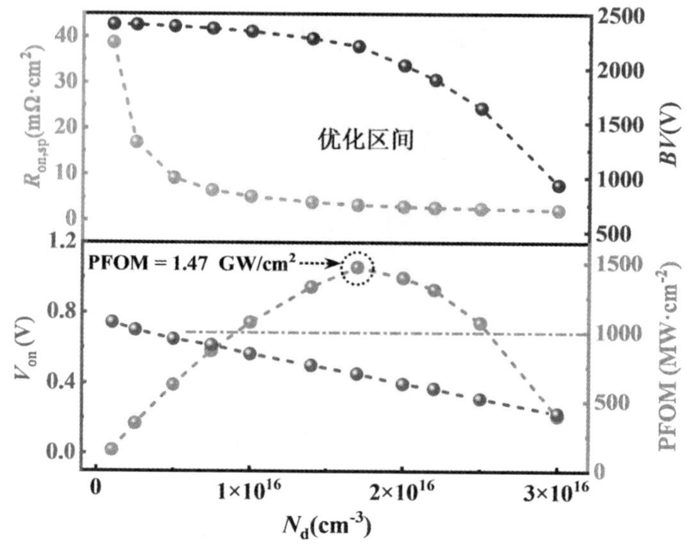

图5-14　FOCF二极管的$R_{on,sp}$、V_{on}、BV和PFOM与N_d的关系

图5-15为不同的Fin沟道高度H_{fin}和宽度W_{fin}对J_F-V_F、J_R-V_R、Φ_B-V_R特性和导带能量分布的影响。在图5-15（a）中，通过半对数坐标下的曲线清楚地显示了不同的V_{on}，线性坐标下的曲线则明确区分了较高V_F时J_F的差异。如图5-15（a）和（c）所示，随着H_{fin}的增加和W_{fin}的减少，相同偏压下的J_F和J_R减小，而V_{on}和BV增大，其原因如图5-15（b）和（d）所示，电子势垒的高度和宽度增大所致。我们注意到图5-15（c）中，在过低的H_{fin}和过大的W_{fin}条件下，击穿机制由雪崩击穿转变为夹断失效导致的泄漏电流击穿。

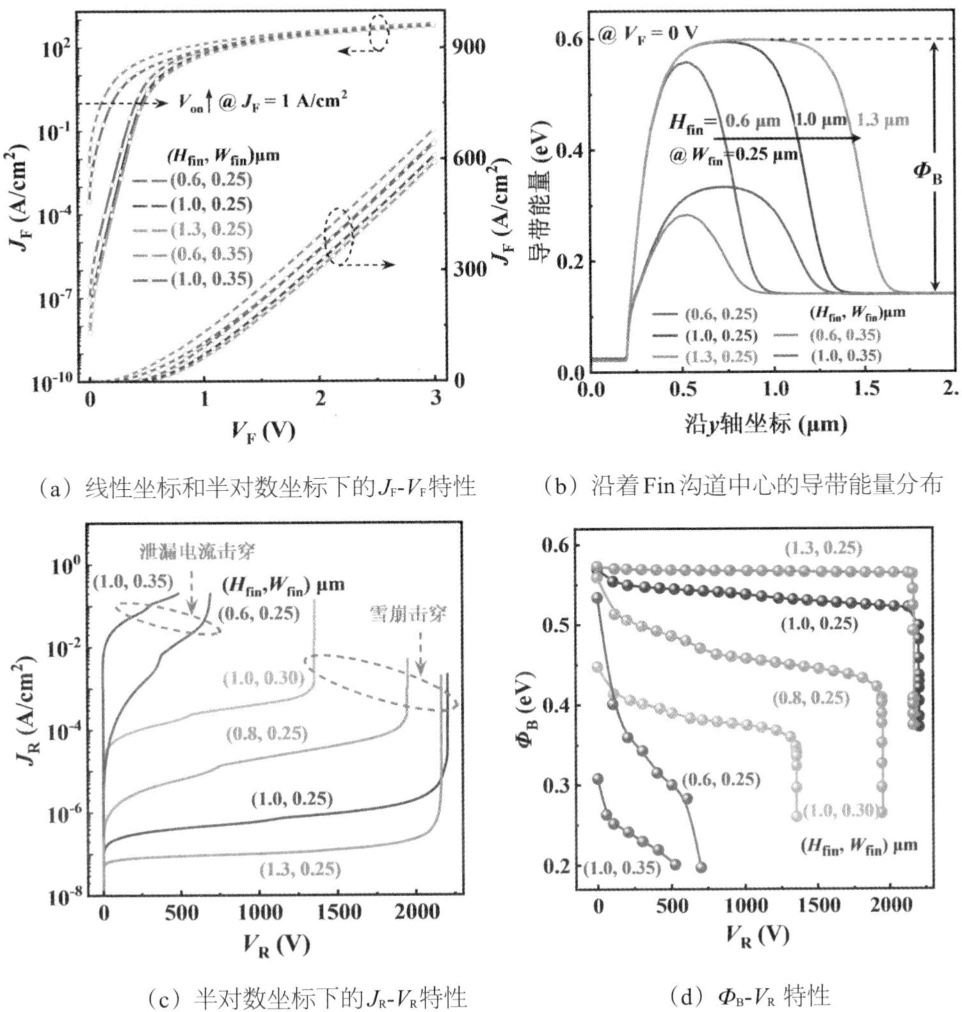

（a）线性坐标和半对数坐标下的J_F-V_F特性　　（b）沿着Fin沟道中心的导带能量分布

（c）半对数坐标下的J_R-V_R特性　　（d）Φ_B-V_R 特性

图5-15　Fin沟道的宽度W_{fin}和高度H_{fin}对FOCF二极管性能的影响

图5-16进一步显示了随着H_{fin}增加和W_{fin}减少，电子势垒的高度和宽度呈现增大趋势的原因。以零偏置的情况为例，随着Fin沟道的高度增加，耗尽区的面积增加，即电子势垒的宽度增加；随着Fin沟道的宽度减小，两侧耗尽区交叠的面积增加，即电子势垒的高度增加，二者都可以等效于夹断效应增强。

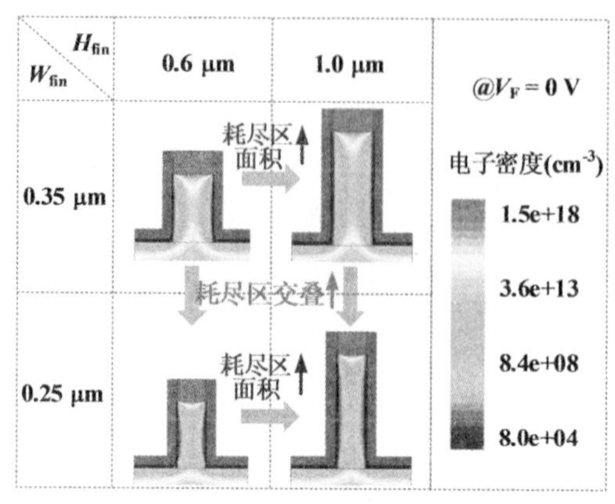

图5-16　不同H_{fin}和W_{fin}的FOCF二极管电子密度分布

另外，由于仿真中设定外延层总厚度为定值，Fin沟道高度的增加意味着漂移区厚度的减小。尽管H_{fin}的增加对夹断作用的增强是实现高耐压所需要的，但如图5-12（a）和图5-17所示，Fin沟道本身并不承担耐压，所导致的漂移层厚度的减少对提高耐压来说是不利的，这其中就存在一定的折中考虑。特别是在H_{fin}足够大时，夹断作用所提供的电子势垒趋于饱和，漂移区的影响就更加明显。比如在图5-15中，H_{fin} = 1.3 μm时的BV小于H_{fin} = 1.0 μm时的BV，而通过图5-17中的电场分布可以看出，两种情况下Fin沟道中心底部的电场几乎相同，而在H_{fin} = 1.3 μm时，能够承担耐压的区域厚度更小，这就导致BV出现减小的趋势。

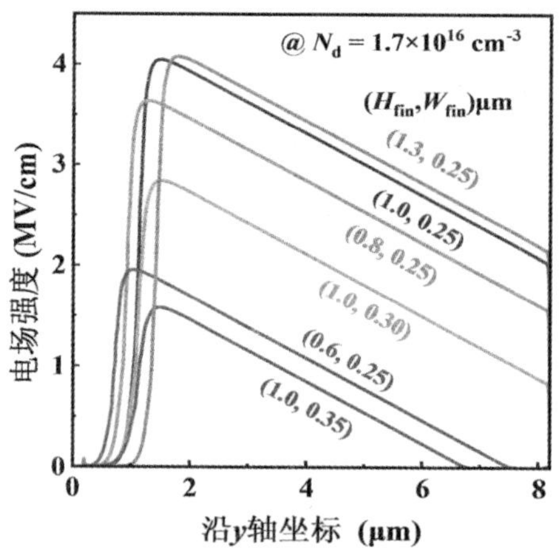

图5-17　不同H_{fin}和W_{fin}的FOCF二极管在击穿时的纵向电场分布

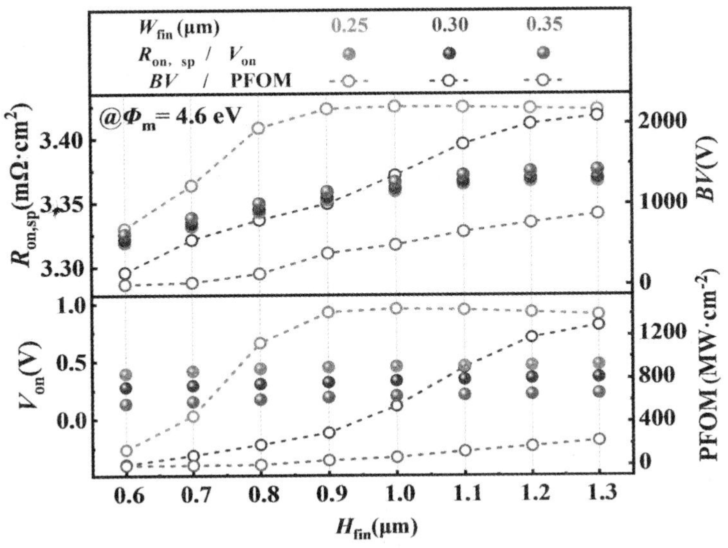

(a) 参数H_{fin}和W_{fin}

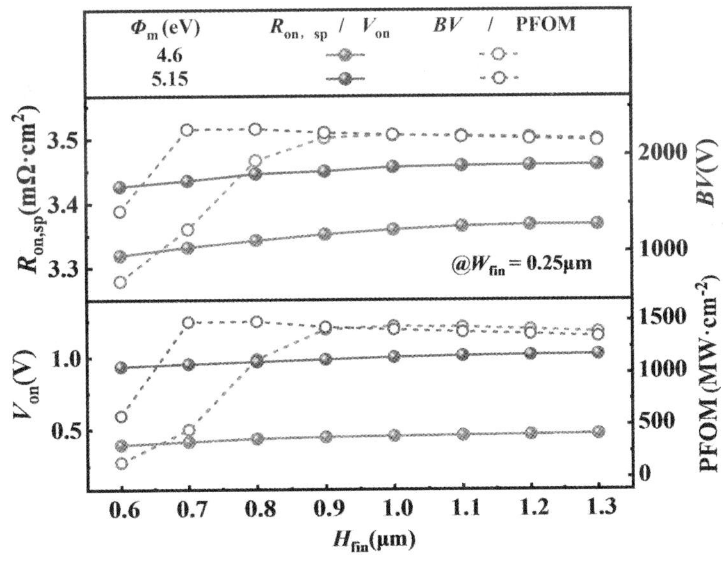

(b) 参数H_{fin}和Φ_m

图5-18 各参数对FOCF二极管性能的影响

当阳极金属固定为Mo即功函数Φ_m设置为常数4.6 eV时，Fin沟道的结构参数H_{fin}和W_{fin}对FOCF二极管的$R_{on,sp}$、V_{on}、BV和PFOM的影响如图5-18（a）所示。如前所示，Fin沟道的夹断效应会随着H_{fin}增加和W_{fin}减少而增强，因此$R_{on,sp}$、V_{on}和BV会增加。对于W_{fin}较小值，例如0.25μm的情况，当$H_{fin} > 1.0$ μm时，夹断效应已趋于饱和，但由于漂移区厚度减小，BV和PFOM随H_{fin}的增加而略有下降；因此，在$W_{fin} = 0.25$ μm和$H_{fin} = 1.0$ μm时，FOCF二极管达到最大PFOM = 1.47 GW/cm^2。

对于更大的W_{fin}，Fin沟道的夹断实现起来更困难，因此在所仿真的H_{fin}范围内，BV和PFOM随H_{fin}单调增加。

此外，如图5-18（b）所示，对于功函数Φ_m更大值，例如5.15 eV（对应金属Ni）的情况，功函数差增加使夹断效应增强，因此在$H_{fin} < 0.9$ μm情况下，BV和PFOM增加，但也导致V_{on}和$R_{on,sp}$显著增加。$\Phi_m = 5.15$ eV的器件在$H_{fin} = 0.8$ μm时获得了更高的$BV = 2271$ V和PFOM = 1.49 GW/cm^2，但其V_{on}是$\Phi_m = 4.6$ eV的二极管的2.2倍。

因此，W_{fin}，H_{fin}，N_d和Φ_m的首选值分别为0.25 μm、1.0 μm、1.7×10^{16} cm^{-3}和4.6 eV，以获得V_{on}和PFOM之间的良好折中。

图5-19将FOCF二极管的$R_{on,sp}$ - BV和V_{on} - BV特性与文献报道的β-Ga_2O_3二极管[25-26，38-39，47-48，101-107]进行了比较。图5-19（a）中计算并标注了各器件的PFOM值，FOCF二极管的高PFOM = 1.47 GW/cm^{2}具有一定优势。如图5-19（b）所示，FOCF二极管获得了0.45 V的最低V_{on}，且其BV也显著高于平面SBDs；特别是与Fin SBDs相比，FOCF二极管对V_{on}的降低作用更加凸显。Fin沟道结合欧姆接触阳极，再加上阶梯型复合场板，使FOCF二极管在实现超低开启电压的同时可以维持高击穿电压。

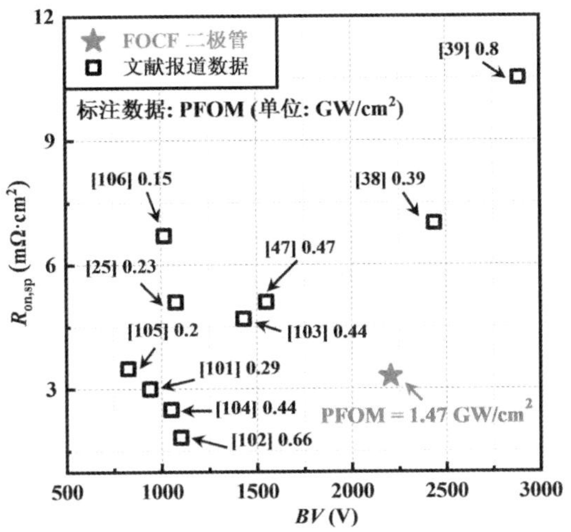

（a）BV和$R_{on,sp}$比较

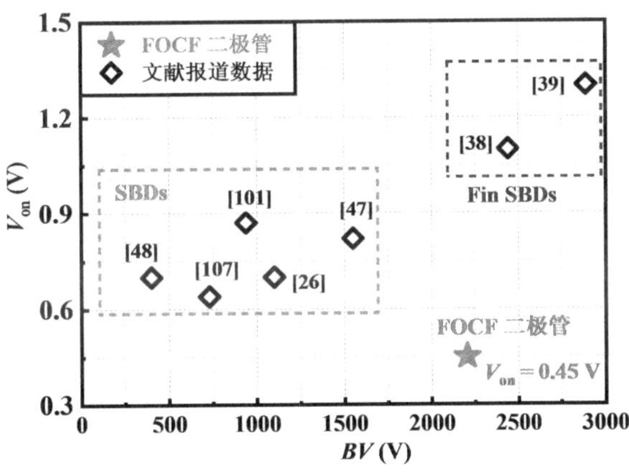

（b）BV和V_{on}比较

图5-19　文献报道的β-Ga_2O_3二极管与FOCF二极管性能比较

5.1.3 器件工艺设计

本节针对所提出FOCF二极管设计了其制备方案，主要工艺步骤在图5-20中给出。

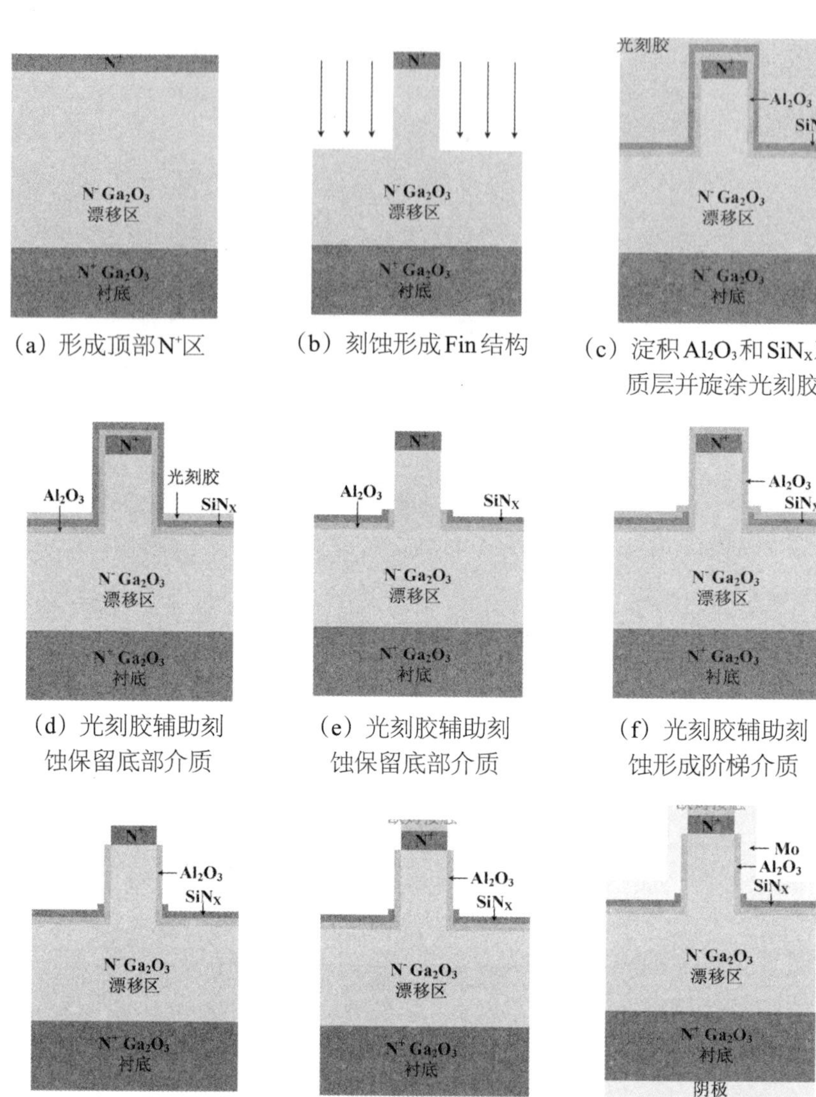

（a）形成顶部N^+区　（b）刻蚀形成Fin结构　（c）淀积Al_2O_3和SiN_X双介质层并旋涂光刻胶

（d）光刻胶辅助刻蚀保留底部介质　（e）光刻胶辅助刻蚀保留底部介质　（f）光刻胶辅助刻蚀形成阶梯介质

（g）光刻胶辅助刻蚀形成阶梯介质　（h）形成阳极欧姆接触金属　（i）形成阳极和阴极金属

图5-20　FOCF二极管制备工艺流程设计

首先，在外延片表面进行离子注入形成顶部高掺杂N^+区域，用作后面的阳极接触区，如图5-20（a）所示；其次，以混合BCl_3/Ar作为刻蚀气体进行ICP刻蚀形成如图5-20（b）所示的Fin结构，并湿法修复刻蚀损伤；接下来，依次通过ALD和PECVD方法淀积Al_2O_3和SiN_X双介质层；之后采用光刻胶辅助刻蚀的方法，先如图5-20（c）所示旋涂光刻胶覆盖晶圆表面，再用O_2等离子体刻蚀只留下一定厚度的光刻胶，如图5-20（d）所示，然后利用残余的光刻胶作为掩膜，去除未覆盖光刻胶区域的双介质层，用丙酮溶液去除仅剩的光刻胶，留下如图5-20（e）所示的结构；如图5-20（f）～（g）所示，再次淀积Al_2O_3介质层，同样通过光刻胶辅助刻蚀法去除Fin沟道顶部N^+层周围的Al_2O_3，由于这一步淀积的Al_2O_3层很薄，也可以选择不再去除SiN_X层上方的Al_2O_3，对器件性能几乎没有影响；接下来如图5-20（h）所示，通过电子束蒸发和剥离工艺，在Fin沟道顶部形成阳极欧姆接触金属Ti；最后，溅射形成覆盖Fin沟道侧壁和整个漂移区表面的金属Mo，后续分别溅射Ni/Au和Ti/Au以对阳极和阴极金属进行加厚，并在N_2氛围下进行快速热退火处理。

5.2 具有低反向导通损耗的氧化镓RC-FinFET

在功率转换系统中，功率晶体管的反向导通性能在高功率低损耗电子应用中也具有重要意义。低的反向导通损耗有助于释放功率转换系统中感性负载引起的多余能量。根据前述对鳍型技术的研究和应用，具有足够窄Fin沟道宽度的FinFET可以通过夹断效应实现常关及高阈值电压，但Fin沟道为唯一的导电路径，夹断效应在器件反向导通时会增加导通电压。一般而言，FinFET的反向导通电压V_{on}取决于阈值电压V_{th}和栅极偏置V_{GS}，即$V_{on}=V_{th}-V_{GS}$。因此，高阈值电压会不可避免地导致高反向导通电压和大的反向导通损耗；此外，在实际应用中通常采用负栅极偏置来防止器件的误开启，这导致更严重的反向导通损耗。因此尽管鳍型技术有助于实现高BV和高V_{th}的增强型FinFET，也需要考虑其反向导通性能。传统续流一般采用反并联二极管的方式来降低V_{on}，但会引入较大的寄生电感，造成额外的功率损耗和影响系统稳定性；采用集成SBD可以降低寄生参数，但肖特基接触的温度稳定性较差。针对该问题，本节将前述鳍型无结二极管（Fin Diode，FD）与FinFET集成，将正向导通和反向续流路径分开，提出具有低反向导通损耗的氧化镓纵向FinFET新结构（后续简称：RC-FinFET），以同时实现低V_{on}、高V_{th}和高BV。

5.2.1 器件结构和工作机理

图5-21（a）为RC-FinFET的结构示意图及其等效电路。RC-FinFET由FinFET部分和FD部分组成：FD部分的Fin沟道的侧壁依次为Al_2O_3和源金属Mo，其功函数较低而有助于实现低V_{on}；FinFET部分的Fin沟道两侧的MIS结构所采用的则为栅金属Pt，其功函数较高而有助于实现高V_{th}；两部分Fin沟道的顶部均为欧姆接触。在N^+-Ga_2O_3衬底上为由Fin沟道和漂移层组成的10 μm轻掺杂N^--Ga_2O_3层，顶层为0.05 μm的N^+-Ga_2O_3层。为了方便后续机理验证和性能对比，本节设计了如图5-21（b）所示的常规C-FinFET结构，其器件参数与RC-FinFET相同，只是缺少FD部分。仿真中使用的坐标系及结构参数均已标注在图5-21中，其中W_{FT}和W_{FD}分别表示FinFET部分和FD部分的Fin沟道宽度；H_F为两个Fin沟道的高度；N_d为Fin沟道和漂移区的掺杂浓度。除参数优化部分外，W_{FT}、W_{FD}、H_F和N_d的取值均设定为其最优值，分别为0.20 μm、0.25 μm、1.2 μm和1.6×10^{16} cm^{-3}。

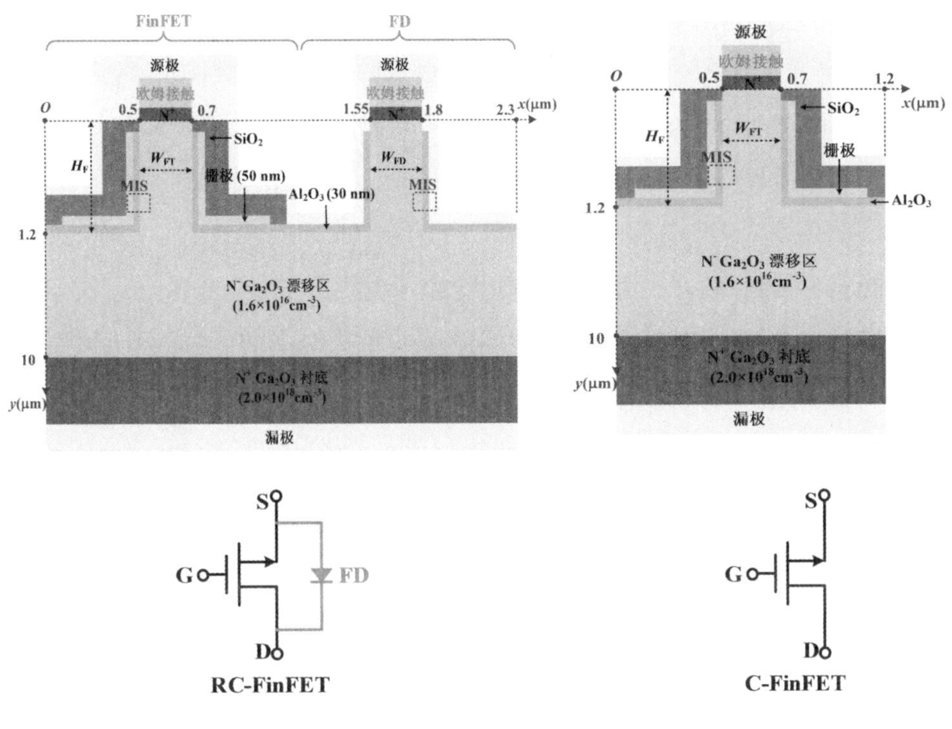

（a）RC-FinFET　　　　（b）C-FinFET

图5-21　结构示意图及等效电路

RC-FinFET通过耗尽和积累行为实现了类似MIS的导通和阻断特性。图5-22、图5-23和图5-24分别从关断状态、正向导通和反向导通方面阐述了RC-FinFET的工作机理，其中各符号的意义标注在图5-22中。

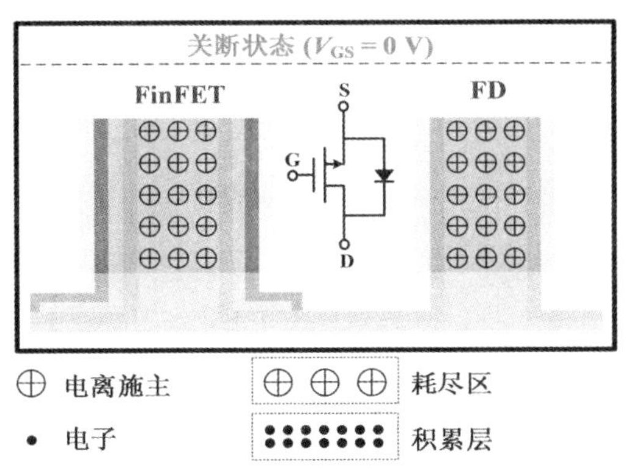

图5-22　RC-FinFET关断状态的工作机理

在关断状态（$V_{GS}=0$ V）下，由于金属与氧化镓之间的功函数差，在零偏置（$V_{DS}=0$ V）下，两个Fin沟道均被侧壁MIS结构的耗尽效应夹断，从而实现如图5-22所示的常关状态；而在正向阻断（$V_{DS}>0$ V）时，夹断效应可以有效抑制反向泄漏电流，结合Fin结构的RESURF效应对于电场分布的调制作用，两者都有助于提高BV。

如图5-23（a）所示，随正偏栅压V_{GS}逐渐增加，FinFET部分的Fin沟道耗尽区向两侧收缩，当V_{GS}增加到阈值电压V_{th}时，Fin沟道中心出现中性导电区即形成导电路径，RC-FinFET开始进入导通状态（$V_{GS}\geqslant V_{th}$和$V_{DS}>0$ V）；如图5-23（b）所示，随着V_{GS}的进一步增大，沿FinFET部分的Fin沟道侧壁形成电子积累层，从而可以显著提高电流能力并降低导通电阻。在正向阻断和导通状态下，由于V_{DS}均大于0 V，对于二极管而言都处于反向偏置的情况，因此FD被关断，几乎不影响FinFET部分的阻断和导通特性。

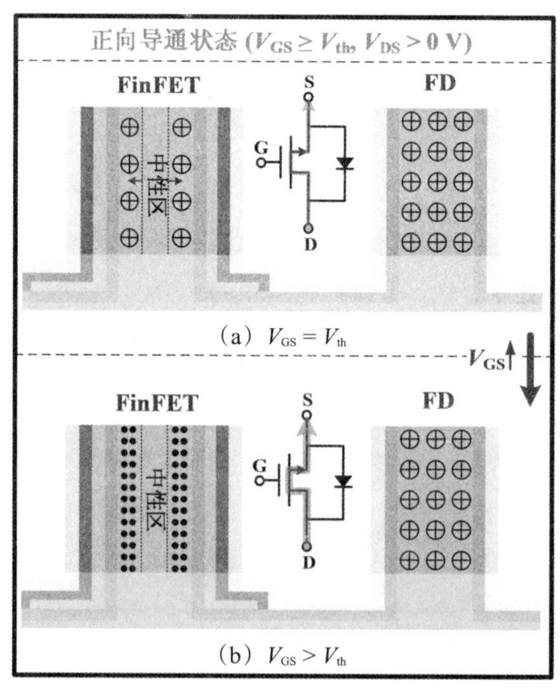

图5-23　RC-FinFET正向导通状态的工作机理

RC-FinFET的反向导通机制如图5-24所示，V_{GS}设置为0 V。随V_{SD}（V_{SD}> 0 V）逐渐增加，FD部分的Fin沟道耗尽区也开始向两侧收缩，当V_{SD}增大到V_{on}（$V_{SD} \geqslant V_{on} > 0$ V）时，耗尽区收缩到使FD部分的Fin沟道中心形成导电路径，同时FinFET部分由于更窄沟道和更高功函数差带来的更强夹断效应而仍处于关断状态，如图5-24（a）所示；随着V_{SD}继续增大，FinFET部分的Fin沟道也开始出现中性区而导通，如图5-24（b）所示，此时FD部分的Fin沟道侧壁形成电子积累层；如图5-24（c）所示，随着V_{SD}的进一步增大，两个Fin沟道侧壁都会形成电子积累层，电流能力进一步提高。因此，与C-FinFET相比，RC-FinFET大大降低了V_{on}，并显著增强了反向电流能力。此外，V_{on}和V_{th}分别取决于FD部分和FinFET部分，因此可以独立优化正反向导通特性，从而获得兼具低V_{on}和高V_{th}的增强型器件。

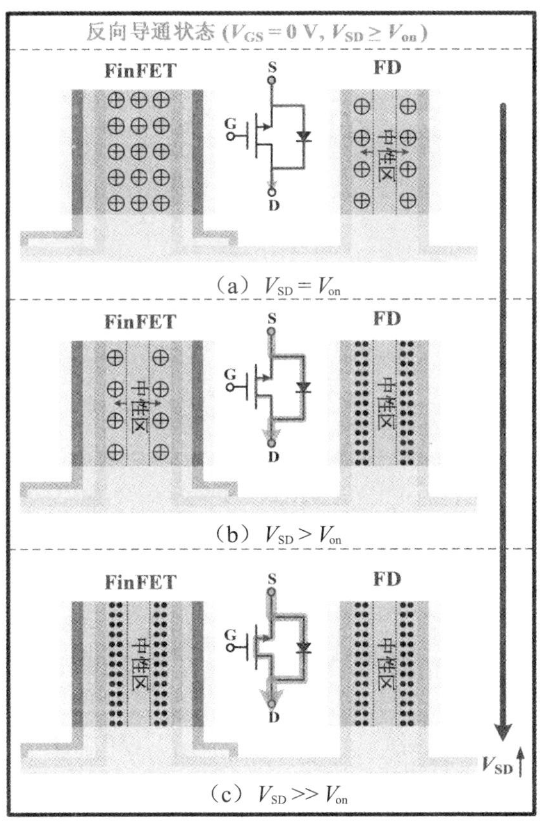

图5-24 RC-FinFET反向导通状态的工作机理

本书利用Sentaurus TCAD仿真对RC-FinFET性能进行了研究和分析。采用文献报道的FinFET[37]和所研制的β-Ga_2O_3 SBD[48]（即第三章的CT SBD）的器件参数进行仿真，通过将仿真结果与文献报道的实验数据进行拟合以说明仿真模型的准确性。如图5-25所示，仿真结果与实验结果吻合较好，说明了物理模型和热模型的准确性和仿真结果的可靠性；此外，如图5-25（b）所示，由于设备测试精度的限制，半对数坐标下的仿真和实验曲线在J_{DS}< ～10^{-4} A/cm²处出现分离现象。基于校准的模型，RC-FinFET仿

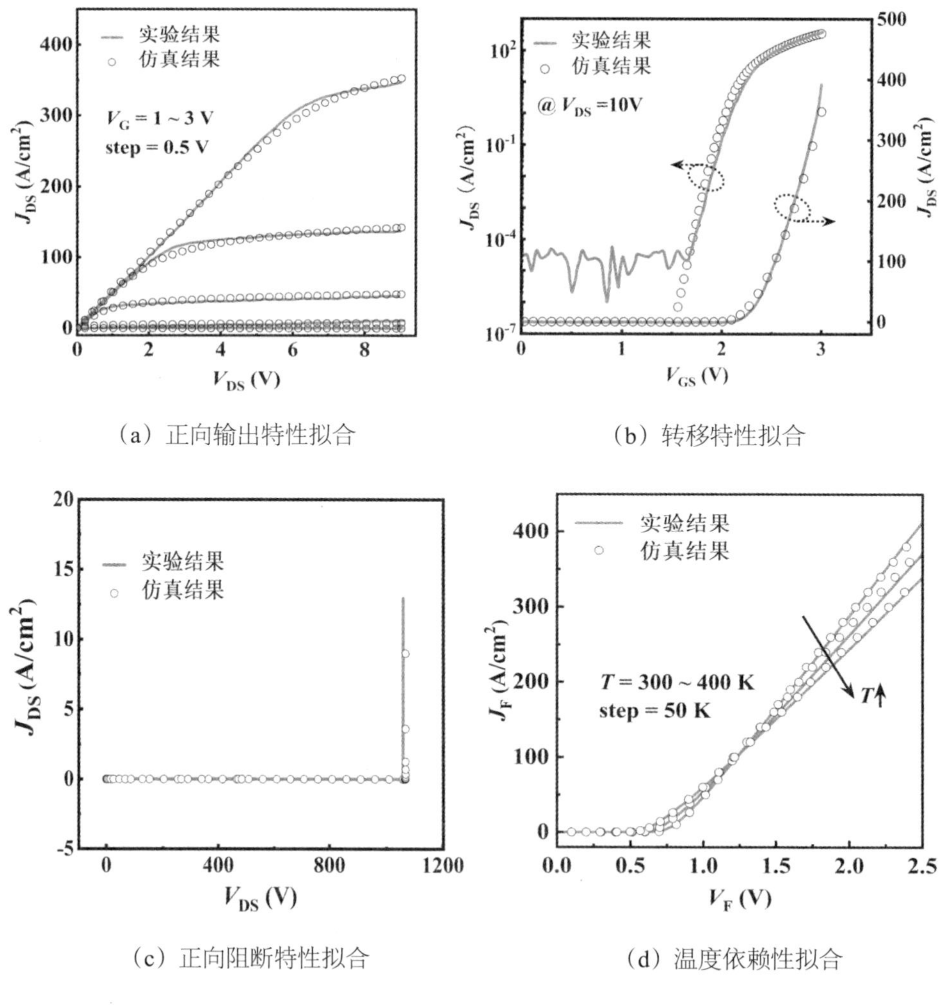

（a）正向输出特性拟合 （b）转移特性拟合

（c）正向阻断特性拟合 （d）温度依赖性拟合

图5-25 实验与仿真结果拟合

真所使用的通用参数为：β-Ga_2O_3的相对介电常数k和霍尔系数分别为10和1.5；Fin沟道侧壁的等效负界面电荷密度设为8×10^{11} $cm^{-2} \cdot eV^{-1}$，漂移层和Fin沟道内的有效电子迁移率分别为120 $cm^2 \cdot V^{-1} \cdot s^{-1}$和30 $cm^2 \cdot V^{-1} \cdot s^{-1}$[78]；金属Pt和Mo的功函数分别为5.65 eV和4.6 eV。同样对Fin侧壁和底部拐角的网格进行了优化，以得到准确的仿真结果和最佳的数值收敛性。

图5-26（a）所示为V_{DS}依次取值0 V、−0.5 V、−2.5V和−4.0 V时RC-FinFET在反向导通过程中的电子电流密度J_e分布图。在V_{DS} = 0 V时，两个Fin沟道中的J_e约为10^{-10} A/cm²，如图5-26（a）中的阴影区域所示，这表明Fin沟道均被夹断。随V_{DS}负值更大，耗尽区逐渐向侧壁方向收缩，其中FD部分的Fin沟道由于MIS结构的金属功函数比栅极金属的功函数更小，且其Fin沟道宽度比FinFET部分的略宽，因此夹断效应更弱即耗尽区交叠更少，在V_{DS} = −0.5 V时优先形成电流通路而导通，如图中箭头所指示；但是FinFET部分的Fin沟道由于更强的夹断效应而仍然处于关断状态，如图中箭头指示。

在V_{DS}= −2.5 V时，FinFET部分的Fin沟道也开始有电流路径形成，此时对应的V_{DS}绝对值比C-FinFET的阈值电压更大，这是因为在FD部分导通后电流会更优先通过FD部分的Fin沟道。

当V_{DS}进一步降低（如V_{DS} = −4 V）时，两个Fin沟道的侧壁形成电子积累层，显著提高了反向导通电流能力。图5-26（b）为V_{DS} = −4.0 V时两个Fin沟道内沿AA’和BB’的电子电流密度分布。如其中的插入图所示，两个Fin沟道的等效电阻R_{FT}和R_{FD}为并联。通过FD部分的Fin沟道的电流I_{FD}占反向导通电流的91.4%。

因此，FD部分不仅降低了V_{on}，而且增强了反向电流能力，有助于降低反向导通电阻。

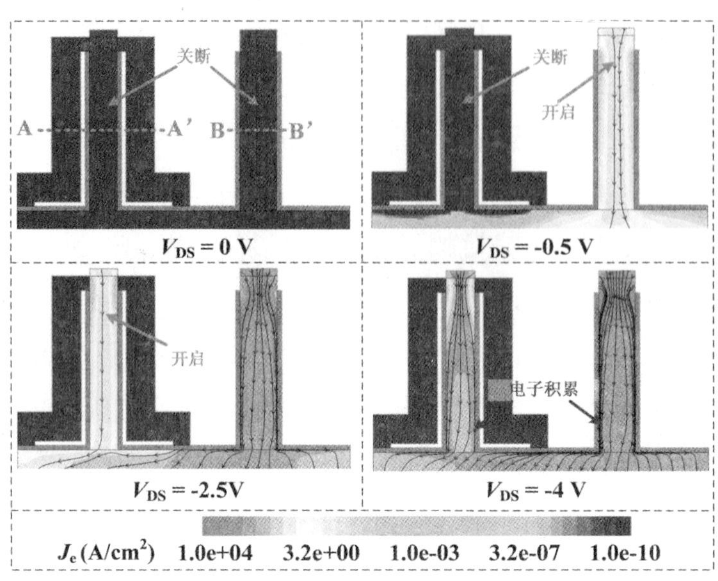

（a）电子电流密度分布图

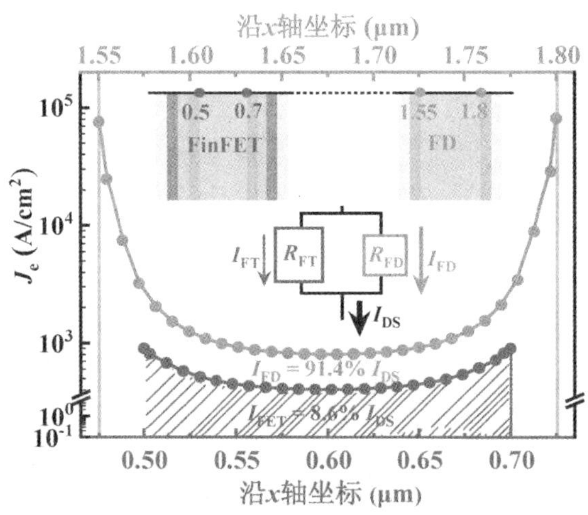

（b）$V_{DS} = -4.0$ V时的电子电流密度分布曲线

图5-26　RC-FinFET的反向导通特性

图5-27对比了RC-FinFET和C-FinFET的反向导通特性，仿真中所采用的V_{GS}的取值为−2 V ～ 0 V。将反向导通电流密度$J_{DS} = -1$ A/cm^{2}时的V_{SD}定义为反向导通电压V_{on}，如图5-27（a）所示，RC-FinFET的V_{on}在不同的V_{GS}

下均保持恒定在0.45 V，而C-FinFET的V_{on}从1.58 V增加到3.57 V。如图5-27（b）所示，将RC-FinFET和C-FinFET的反向导通特性在线性坐标下进行对比，仿真结果显示RC-FinFET在较高偏置下的反向电流能力几乎不随V_{GS}变化且明显优于C-FinFET。因此，当在功率转换系统中采用负栅极偏置来防止器件的误开启时，RC-FinFET的V_{on}不随V_{GS}的变化而变化，表现出优异的反向导通性能和鲁棒性。

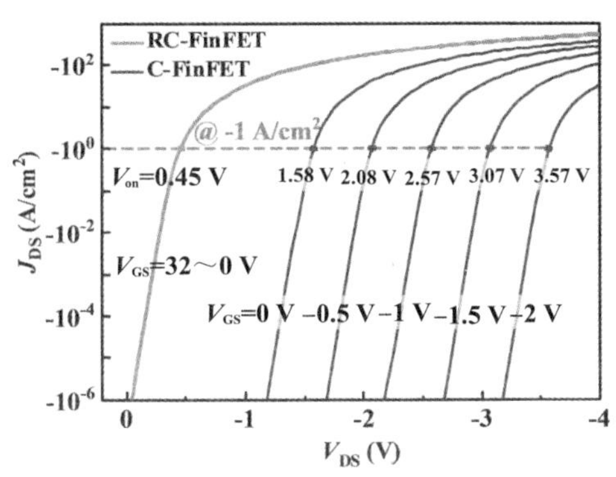

（a）半对数坐标下的J_{DS}-V_{DS}曲线

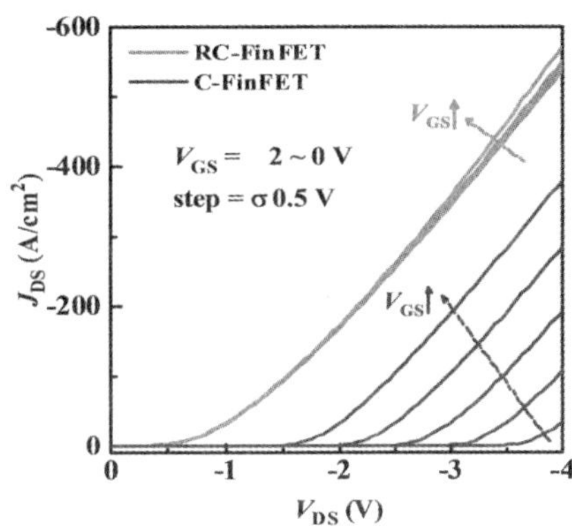

（b）线性坐标下的J_{DS}-V_{DS}曲线

图5-27　RC-FinFET和C-FinFET反向导通特性对比

图5-28（a）比较了半对数坐标下RC-FinFET和C-FinFET在V_{DS} = 4 V时转移特性。将J_{DS} = 1 A/cm²时对应的V_{GS}定义为阈值电压V_{th}，则RC-FinFET的V_{th} = 1.6 V，几乎与C-FinFET的V_{th} = 1.57 V相同，二者的亚阈值斜率SS均为63 mV/dec。图5-28（a）也显示了线性坐标下RC-FinFET从V_{DS} = 3 V、4 V、5 V和6 V时的转移特性。随着V_{DS}的增大，饱和电流密度和跨导g_m增大，在V_{DS} =6 V时，g_m取得最大值$g_{m,\ max}$ = 693 S/cm²。如图5-28（b）所示，在V_{GS} = 5 V时，RC-FinFET的比导通电阻$R_{on,sp}$为4.6 mΩ·cm²。图5-28（c）为RC-FinFET和C-FinFET的正向阻断特性。在雪崩击穿发生在击穿电压BV = 2545 V前，势垒高度Φ_B随着V_{DS}的增大几乎呈线性减小，漏电流呈指数级增大，因此也类似第5.1节所述的FOCF二极管，可以拟合线性曲线$\phi_B = aV_R + b$，以及J_R正比于$\exp[-\phi_B(V_R)/kT]$的函数关系。如图5-28（c）中

的插入图所示，RC-FinFET和C-FinFET具有相似的BV值，说明FD部分几乎不会影响器件的正向阻断特性。图5-28（d）为导通状态（V_{GS} = 5V，V_{DS} = 9 V）和阻断状态（V_{GS} = 0V）下FD部分沿切线CC'提取的导带能量曲线，其中的插入图则显示了BV = 2545 V时的导带能量分布图。由于DIBL效应，势垒高度和宽度随V_{DS}的增大而减小。在导通状态和阻断状态下，特别在Fin沟道底部发生雪崩击穿前，FD部分的Fin沟道总是被夹断，不会使整个器件的导通和阻断性能退化。

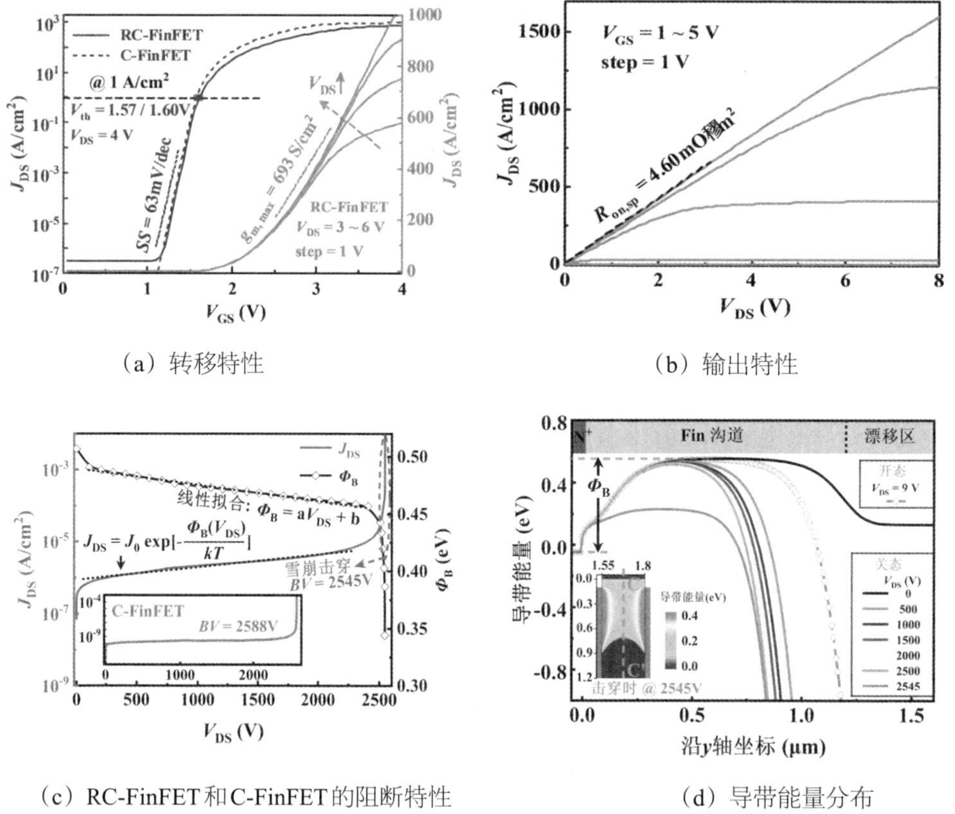

（a）转移特性　　（b）输出特性

（c）RC-FinFET和C-FinFET的阻断特性　　（d）导带能量分布

图5-28　RC-FinFET的正向特性

RC-FinFET在不同温度下的反向导通特性曲线如图5-29（a）所示，图5-29（b）显示了FD部分的Fin沟道中心沿切线CC'提取的导带能量分布和势垒高度Φ_B。当T从300 K增加到425 K时，Φ_B减小0.15 eV，则V_{on}从

0.45 V减小到0.30 V，$V_{DS}=0$ V时的泄漏电流增大。图5-29（c）显示了半对数坐标和线性坐标下RC-FinFET转移特性的温度依赖性。T的增加也会导致电子迁移率和FinFET部分的Fin沟道处势垒高度Φ_B的降低，导致J_{DS}先由于Φ_B减小而升高，之后因为迁移率减小而降低，并且，g_m减小，SS增大，V_{th}从300 K时的1.60 V略微减小到425 K时的1.44 V。图5-29（d）为RC-FinFET的正向阻断特性，随着T的增大，Φ_B减小，因此击穿前的泄漏电流增大；由于晶格散射增强，碰撞电离率减小，导致BV增大。BV的正温度系数也能证明其击穿机制为雪崩击穿。

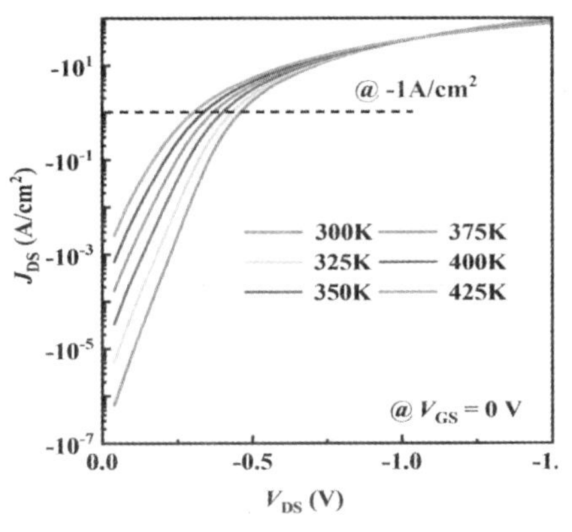

（a）反向导通特性

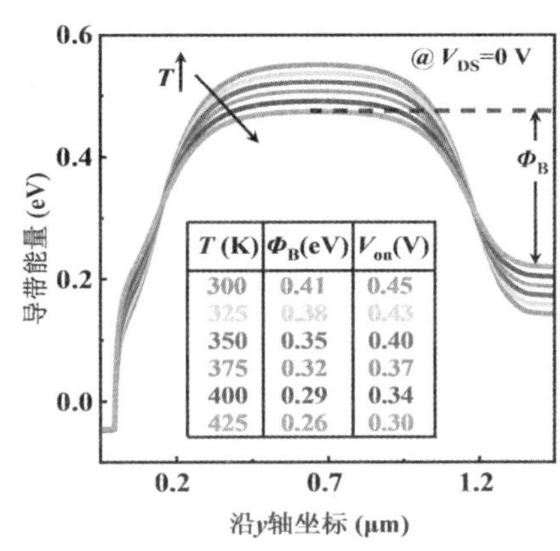

（b）沿FD部分的Fin沟道中心的导带能量分布

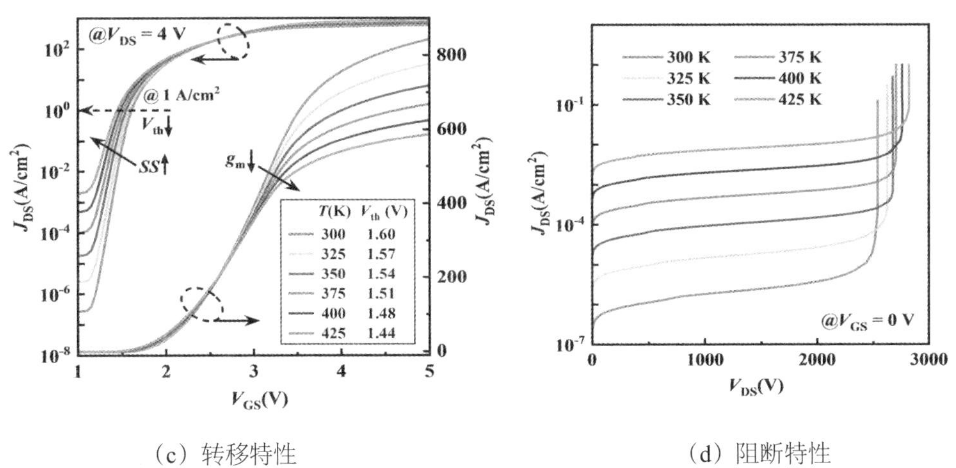

（c）转移特性

（d）阻断特性

图5-29　RC-FinFET各性能的温度依赖性

在实际应用中，纵向FinFET可以在同一晶圆上并联集成，以增加电流密度，但这不可避免地加剧了相邻Fin之间热串扰引起的自热效应。温度分布由器件导通状态下的电流密度分布决定。图5-30显示了在$T = 425$ K条件下，高电流密度$J_{DS} = \pm 500$ A/cm²时及正反向导通情况下RC-FinFET的电流密度分布图，间接反映了温度分布情况。如图5-30（a）所示，在正向导通状态下，FD部分的Fin沟道被夹断，电流密度极小，所以相对于FinFET的Fin沟道可被认为是低温区，有助于散热；在反向导通状态下，通过FinFET部分Fin沟道的电流远小于通过FD部分的电流，如图5-30（b）所示，所以FinFET部分作为相对低温的区域也有利于散热。因此，与并联多Fin的C-FinFET相比，RC-FinFET的FinFET与FD之间的热串扰明显减弱。此外，阳极金属覆盖了器件的整个顶部，这也会有助于散热。如果进一步考虑到版图布局，多个FinFET和FD元胞也可以分别位于同一晶圆的两半边而不是交叉相邻，从而可以进一步减少RC-FinFET的FinFET和FD之间的热串扰。

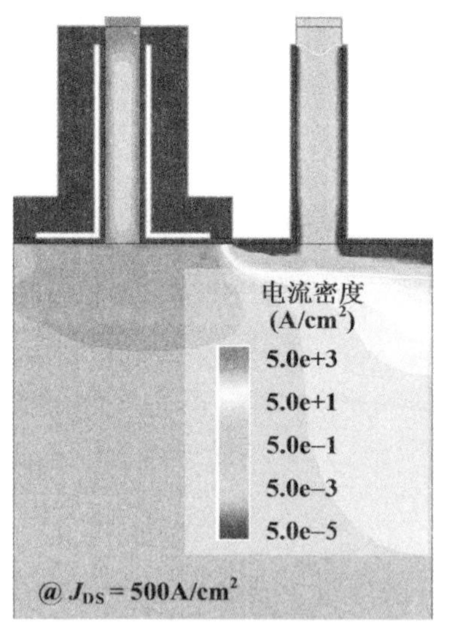

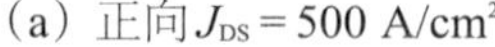
（a）正向$J_{DS} = 500$ A/cm²

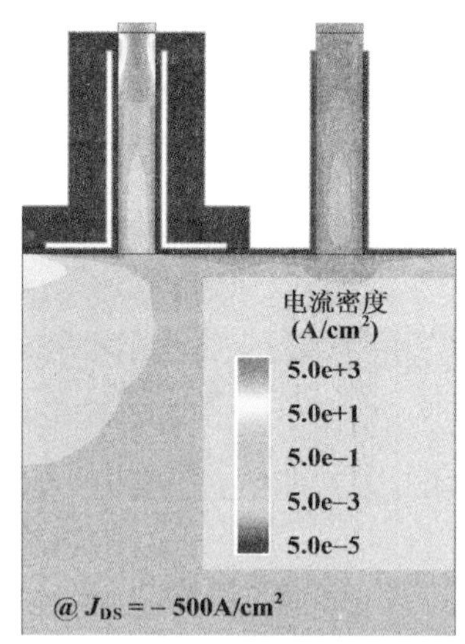

（b）反向$J_{DS} = -500$ A/cm²

图5-30　温度425 K下正反向导通时RC-FinFET电流密度分布

图5-31（a）为进行RC-FinFET反向恢复特性仿真中所使用的双脉冲测试电路，其工作原理不再赘述。图5-31（b）为在不同栅极电阻R_G下的RC-FinFET反向恢复特性。随着R_G的增大，反向恢复时间t_{rr}增大，电流过冲J_{rrm}减小，反向恢复电荷Q_{rr}减小。由于RC-FinFET处于单极模式，因此具有优异的反向恢复特性和较低的反向恢复损耗。R_G = 15 Ω时，RC-FinFET的t_{rr}和Q_{rr}分别为14 ns和0.34 μC/cm²。在实际应用中，可以通过外部电路设置来实现对R_G的调控。

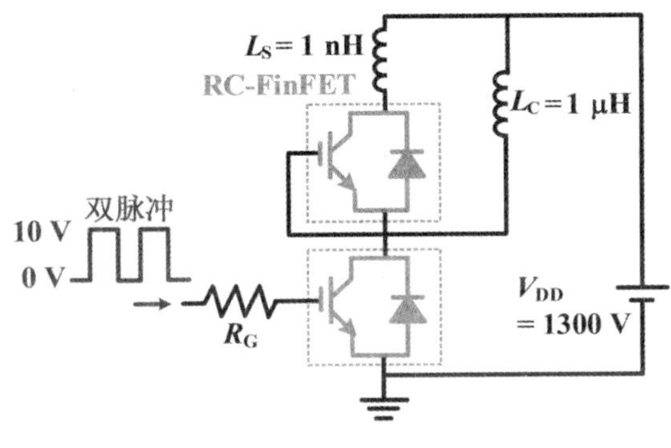

（a）仿真电路

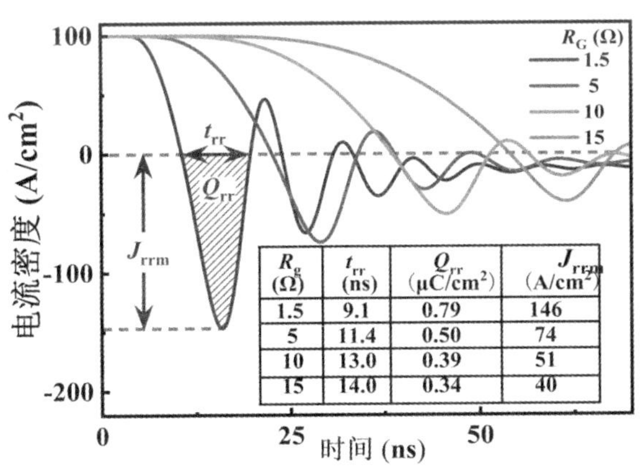

R_g (Ω)	t_{rr} (ns)	Q_{rr} (μC/cm²)	J_{rrm} (A/cm²)
1.5	9.1	0.79	146
5	11.4	0.50	74
10	13.0	0.39	51
15	14.0	0.34	40

（b）仿真结果

图5-31　RC-FinFET反向恢复特性测试

5.2.2 器件结构参数优化与讨论

图5-32显示了在 $W_{FT}=0.2\ \mu m$、$W_{FD}=0.25\ \mu m$、$H_F=1.2\ \mu m$时，RC-FinFET的$R_{on,sp}$、BV、V_{on}、V_{th}和PFOM = $BV^2/R_{on,sp}$随N_d的依赖关系。随着N_d增大，电子浓度的增加导致两个Fin沟道更难耗尽，等效于夹断作用减弱；因此，$R_{on,sp}$、BV、V_{on}和V_{th}的值都呈现出减小的趋势。此外，由于在$N_d>1.6\times10^{16}\ cm^{-3}$后，Fin沟道中的电子无法被完全耗尽，$BV$显著降低。因此，随着$N_d$的增加，功率优值PFOM先增大后减小，在$N_d=1.6\times10^{16}\ cm^{-3}$时获得最大值为1.41 GW/cm²。以$V_{on}<0.5$ V、$V_{th}>1.5$ V、PFOM > 1000 MW/cm²定义为优化条件，图5-32中的黄色区域标示出N_d的优化区间，在该区间范围内，RC-FinFET也实现了$BV>1900$ V和$R_{on,sp}<5\ m\Omega\cdot cm^2$。因此，RC-FinFET具有宽的$N_d$优化范围以实现兼具低$R_{on,sp}$和$V_{on}$、高$BV$和PFOM的高$V_{th}$增强型器件。在后续讨论结构参数优化时，$N_d$值均设为$1.6\times10^{16}\ cm^{-3}$。

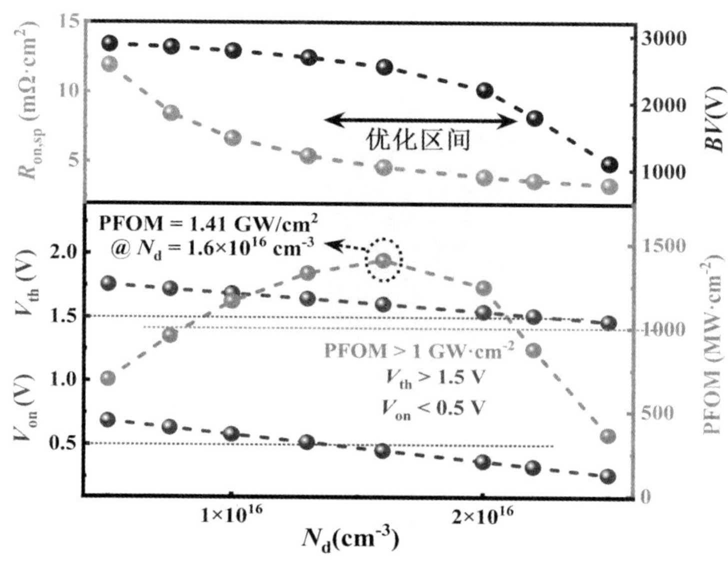

图5-32 N_d对RC-FinFET的$R_{on,sp}$、BV、V_{on}、V_{th}和PFOM的影响

图5-33显示了具有不同结构参数W_{FT}、W_{FD}和H_F的RC-FinFET在零偏置下沿FD部分Fin沟道中心的电子密度分布和导带能量分布。随着H_F的增大和W_{FD}的减小，两侧耗尽区交叠部分增大，如图5-33（a）所示，从而导致电子势垒的高度和宽度增大，如图5-33（b）所示。从图5-33（b）中两条曲线的完全重合可以看出，W_{FT}对FD Fin沟道势垒高度几乎没有影响，也再次说明FinFET和FD部分的Fin沟道可以被独立调控而不相互影响，从而实现兼具高阈值电压和低反向导通电压的增强型RC-FinFET。

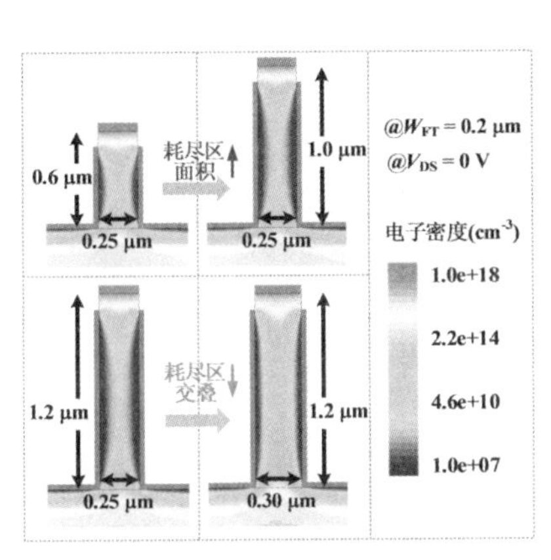

（a）电子密度分布

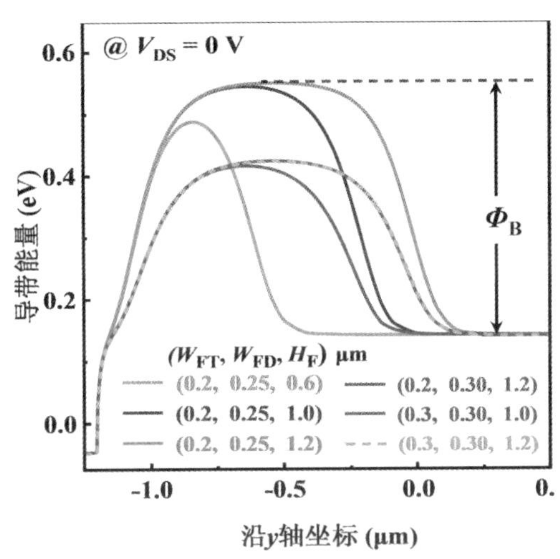

（b）导带能量分布

图5-33　结构参数对RC-FinFET的影响

如图5-34采用三维坐标所示的不同W_{FT}、W_{FD}和H_F对RC-FinFET的V_{on}、V_{th}和BV的影响，其x坐标和y坐标分别表示H_F和W_{FD}的变化，z坐标上的三个二维图分别表示W_{FT} = 0.2 μm、0.25 μm和0.3 μm的情况。从阴影分布可以直观地看出，在图5-34（a）中，W_{FT}的变化对V_{on}几乎没有影响；在图5-34（b）中，W_{FD}的变化对V_{th}几乎没有影响；在图5-34（c）中，BV主要由H_F和W_{FD}决定，而受W_{FT}的影响较小，这一方面是由于FD部分的夹断效应弱于FinFET部分，器件击穿更易在此处发生，另一方面在于FinFET部分的Fin沟道侧壁为两个串联的MIS结构，因此对V_{DS}的敏感性低于FD部分。

为了更加清楚地体现数值上的变化，我们分别在图5-35（a）中展示了$W_{FT}=0.2\ \mu m$时的W_{FD}和H_F对RC-FinFET的V_{on}、V_{th}和BV的影响，在图5-35（b）中展示了$W_{FD}=0.25\ \mu m$时的W_{FT}和H_F对RC-FinFET的V_{on}、V_{th}和BV的影响。当H_F升高以及W_{FD}和W_{FT}降低时，V_{on}、V_{th}和BV都会由于夹断效应增强而升高。并且，当图5-35（a）中W_{FD}变化时，代表V_{th}的曲线完全重合且随H_F的增加而增大；当图5-35（b）中W_{FT}变化时，代表V_{on}的曲线完全重合且随H_F的增加而增大。该现象再次验证，RC-FinFET的V_{on}和V_{th}分别取决于FD部分和FinFET部分，所以可以独立优化结构参数W_{FT}和W_{FD}，以同时获得低V_{on}和高V_{th}。无集成二极管的C-FinFET仅有一个导电沟道，因此在图

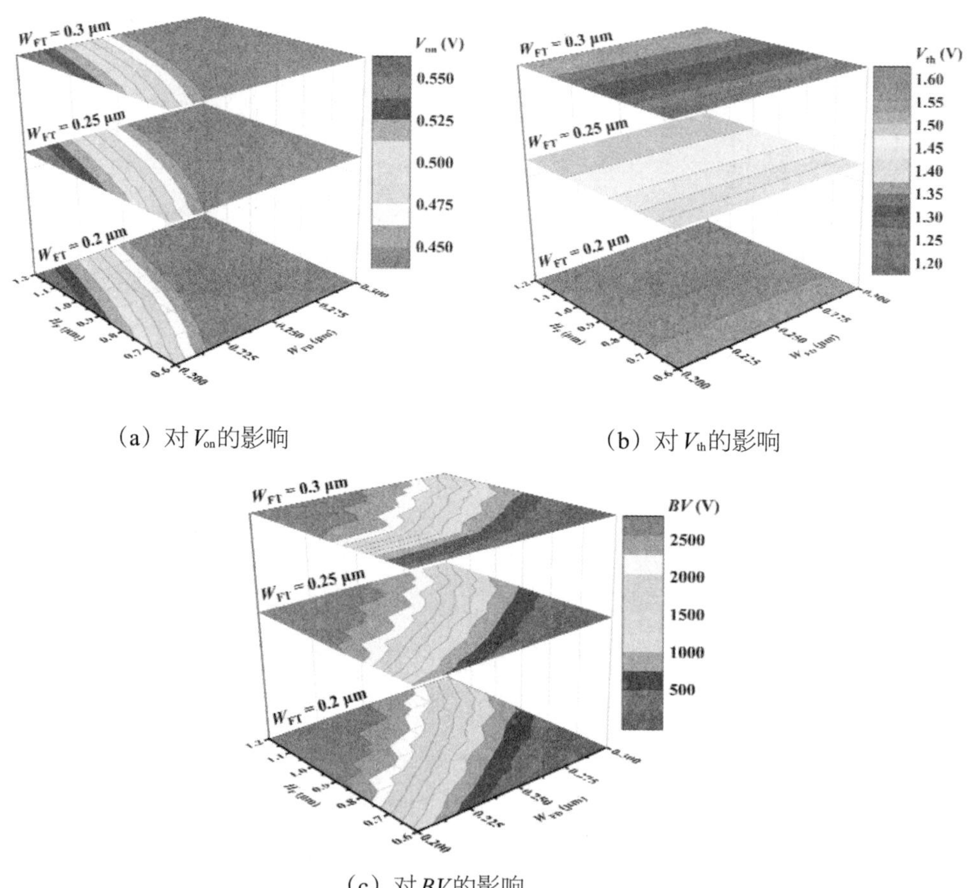

（a）对V_{on}的影响

（b）对V_{th}的影响

（c）对BV的影响

图5-34　不同结构参数W_{FT}、W_{FD}和H_F对RC-FinFET性能的影响

5-35（c）中，V_{on}和V_{th}随着不同的W_{FT}和H_F会同时产生变化，这意味着实现高V_{th}必然导致高V_{on}。对于所设计的RC-FinFET，优化后的器件参数足以保证2500 V以上的高BV。在V_{th}和BV相似的情况下，与W_{FT} = 0.2 μm、W_{FD} = 0.25 μm和H_F = 1.2 μm时的C-FinFET相比，RC-FinFET的V_{on}降低了71%。

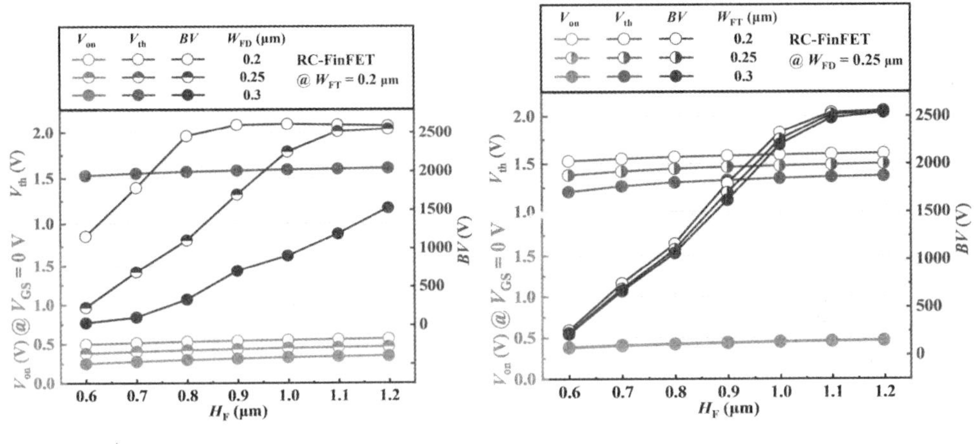

（a）W_{FD}和H_F对RC-FinFET的影响　　（b）W_{FT}和H_F对RC-FinFET的影响

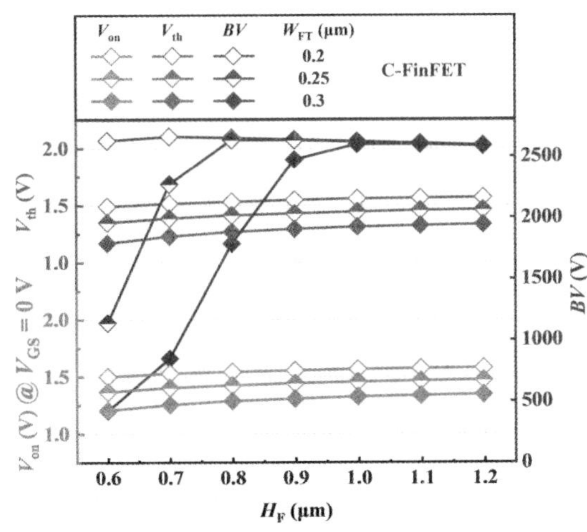

（c）W_{FT}和H_F对C-FinFET的影响

图5-35　不同结构参数W_{FT}、W_{FD}和H_F对RC-FinFET和C-FinFET的V_{on}、V_{th}和BV的影响

5.2.3 器件工艺设计

本节针对RC-FinFET工艺流程设计了器件制备方案，主要工艺步骤在图5-36中给出，以说明该结构在实验研制上的可行性，具体描述如下。

1. 在掺杂浓度为1.6×10^{16} cm^{-3}的外延片表面进行离子注入形成高掺杂的顶部N^{+}区域，如图5-36（a）所示；

2. 以混合BCl_3/Ar作为刻蚀气体进行ICP刻蚀，如图5-36（b）所示，形成FinFET部分和FD部分的具有不同宽度的Fin沟道，刻蚀完成后进行湿法处理以修复刻蚀损伤；

3. 通过ALD技术淀积形成Al_2O_3介质层，再利用光刻胶辅助刻蚀法去除两部分的Fin沟道顶部的Al_2O_3介质，如图5-36（c）～（d）所示，光刻胶辅助刻蚀技术方法已在第5.1.3节有详细介绍，此处不再赘述；

4. 旋涂光刻胶覆盖晶圆表面，光刻去除后续栅金属区域的光刻胶之后通过电子束蒸发栅金属Pt/Au，使FinFET部分的Fin沟道侧壁及底部覆盖栅金属，而其余的金属Pt/Au覆盖在光刻胶表面以便于后续刻蚀和剥离，

5. 再次旋涂光刻胶，形成图5-36（e）所示结构；之后采用光刻胶辅助刻蚀技术，O_2等离子体去除未被光刻胶覆盖区域的金属后进行剥离步骤，获得如图5-36（f）所示形状的栅金属；

6. 通过PECVD方法淀积SiO_2介质层，分两步同样利用光刻胶辅助刻蚀技术，先后刻蚀FD部分和FinFET部分的Fin沟道顶部的SiO_2介质，如图5-36（g）所示，这一步中在刻蚀FD部分SiO_2介质时可能会过刻蚀下方的Al_2O_3介质，因此也可以选择完全去除SiO_2和Al_2O_3后重新淀积Al_2O_3介质，然后再光刻胶辅助同时刻蚀两部分Fin沟道顶部的介质；

7. 如图5-36（h）所示，形成源极和漏极金属并进行快速热退火，具体工艺步骤与第5.1.3节所述类似，此处不再赘述。

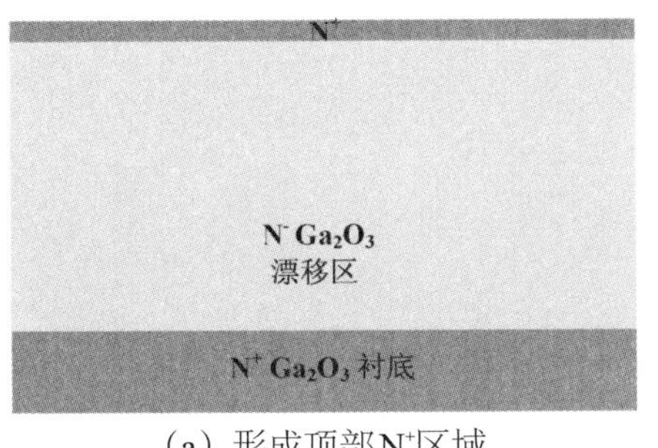

（a）形成顶部N^+区域

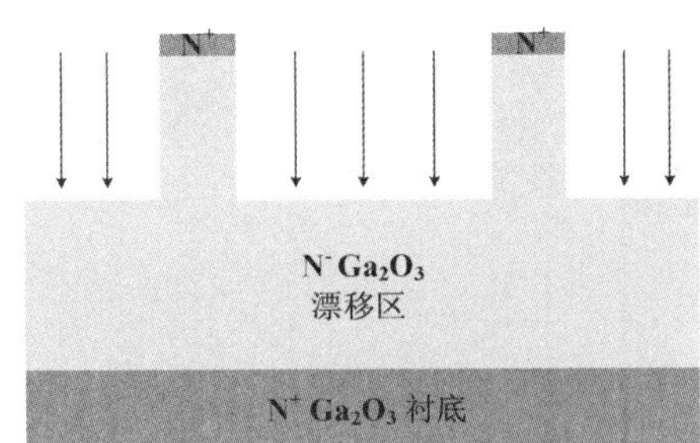

（b）刻蚀形成Fin沟道

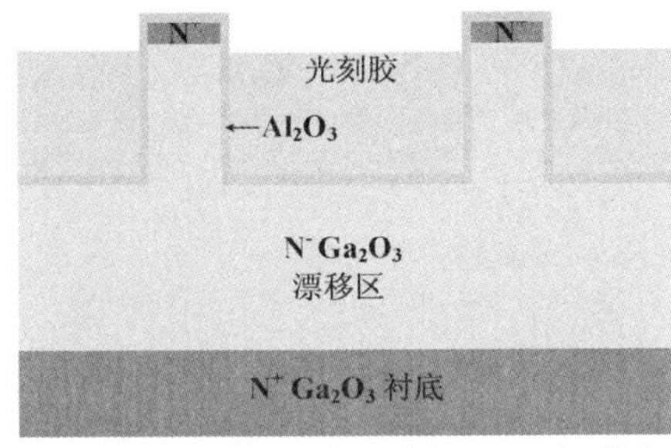

（c）光刻胶辅助刻蚀形成Al_2O_3介质层

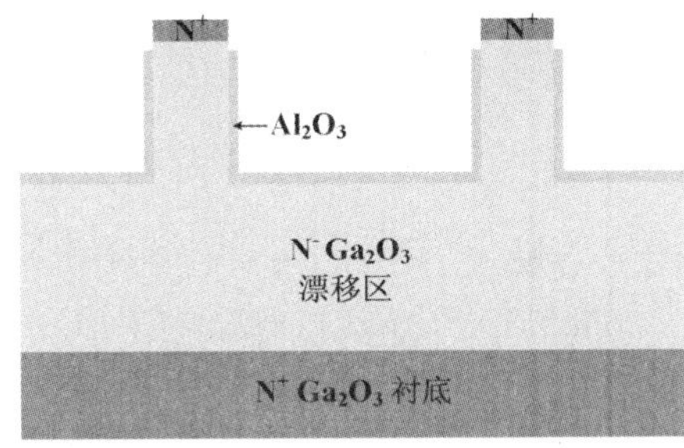

（d）光刻胶辅助刻蚀形成Al_2O_3介质层

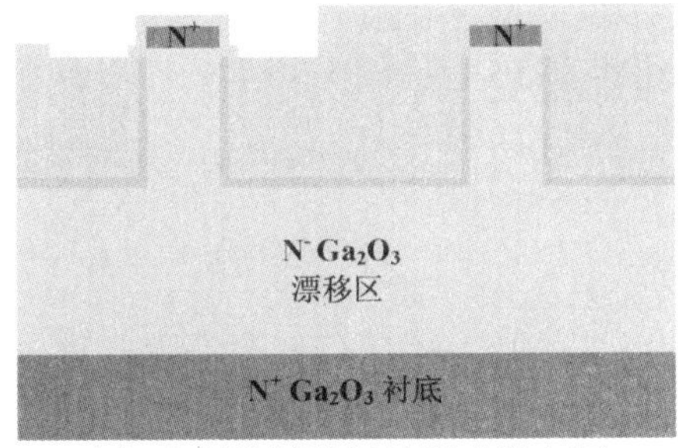

（e）光刻胶辅助刻蚀形成栅金属

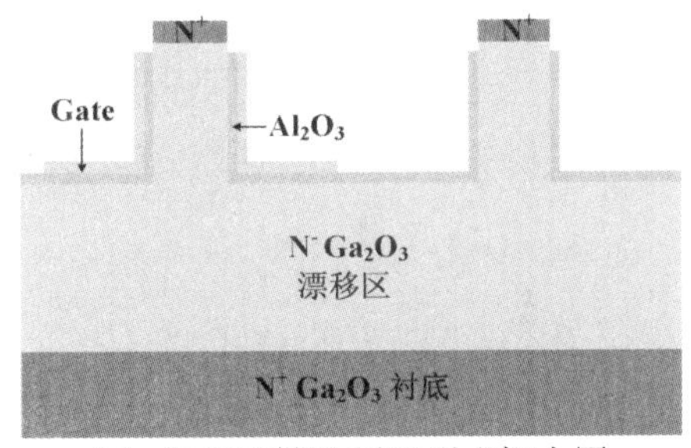

（f）光刻胶辅助刻蚀形成栅金属

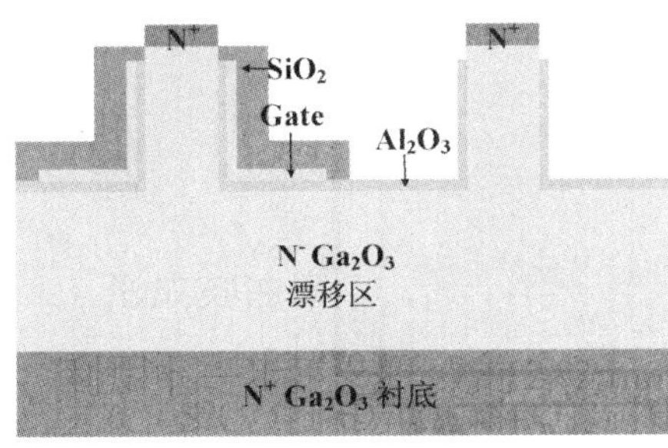

（g）形成SiO_2介质层

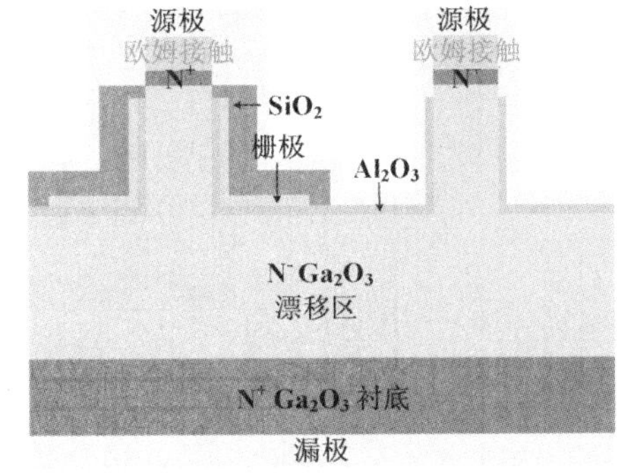

（h）形成源极和漏极金属

图5-36　RC-FinFET制备工艺流程设计

5.3 本章小结

本章针对Fin结构应用在氧化镓功率器件中虽然能够提高耐压但会导致二极管开启电压和FinFET反向导通电压增加的问题，提出两类具有Fin结构的新型氧化镓器件，分别为具有低开启电压的FOCF二极管，以及兼具低反向导通电压和高阈值电压的RC-FinFET，并通过仿真软件Sentaurus TCAD对新结构进行仿真研究及参数优化设计。

FOCF二极管结构特征及相应机理如下所述。

1. Fin沟道与欧姆接触阳极结合，Fin沟道的RESUREF效应有助于提高耐压，且利用阳极金属与β-Ga_2O_3之间的功函数差夹断Fin沟道以实现关断并抑制反向泄漏电流，这就允许用欧姆接触阳极取代肖特基接触阳极，形成无结二极管，从而显著降低开启电压V_{on}；

2. 利用Al_2O_3和SiN_X双介质层组成阶梯场板以调制电场分布，从而进一步提高BV。所提出的FOCF二极管实现低V_{on} = 0.45 V和高BV = 2204 V，且功率优值PFOM高达1.47 GW/cm^2。该结构为高功率低损耗β-Ga_2O_3二极管提供了一种新的设计理念。

RC-FinFET结构特征及相应机理如下所述。

1. 具有集成无结二极管FD实现低开启电压的反向续流功能，Fin沟道结合欧姆接触阳极在反向导通状态下实现极低的反向导通电压V_{on}，且沿Fin沟道侧壁形成电子积累层可以提高反向电流能力；

2. 其Fin沟道在正向导通和阻断状态下被夹断，对正向导通和阻断特性没有明显影响。RC-FinFET的FinFET部分和FD部分各自独立控制正向导通和反向导通特性，从而实现兼具高阈值电压V_{th}和低反向导通电压V_{on}。与常规的C-FinFET相比，RC-FinFET在V_{th}和BV值几乎相同的情况下，V_{on}降低了71%。通过参数优化，所设计的RC-FinFET实现低V_{on} =0.45 V，高V_{th}=1.6 V，BV=2545 V，PFOM高达1.41 GW/cm^2。相较于外部反并联二极管或集成SBD以降低V_{on}的方法，功率转换系统的逆变电路中采用RC-FinFET可以实现低寄生参数、低功率损耗和高稳定性，增强了其在高功率低损耗系统中的应用潜力。

第六章

总结与展望

6.1 总结

超宽禁带β-Ga_2O_3具有高临界击穿电场、灵活可调的N型掺杂浓度和低成本的单晶生长方法。相较于相同耐压级别的Si基、GaN基和SiC基单极器件，β-Ga_2O_3器件的漂移区长度可以大大缩短，从而比导通电阻可以达到大约SiC器件的1/10、GaN器件的1/3，器件的BFOM优值分别为GaN、SiC及Si器件的4倍、10倍及3 444倍。因此，β-Ga_2O_3是制备功率器件优选材料之一，理论上在大功率、高效率、小体积以及高可靠性方面具有显著优势，有利于提升功率密度及应用系统的转换效率。目前主要研究的氧化镓功率器件类型为二极管与FET，对于氧化镓功率二极管，研究集中在改善器件耐压，以充分发挥其超宽禁带和高临界击穿电场的优势，同时降低导通电阻；对于氧化镓功率FET，除了研究其耐压提升技术，也关注高阈值电压的实现以便于后续驱动电路设计。

本书围绕高压低功耗氧化镓功率器件开展了一系列创新研究，具体研究内容如下。

1. **具有新型复合终端的大功率氧化镓SBD机理与实验研究**

我们提出并实验研制了具有新型复合场板的大功率β-Ga_2O_3 CT SBD，对其进行了测试分析。复合场板由空气空间场板和热氧化终端组成，一方面，其降低了介质/β-Ga_2O_3界面的高密度界面态和热氧化区域的电子浓度，另一方面，其改善了阳极底部的电场分布并降低了表面电场峰值。因此有效抑制了反向泄漏电流并大大改善了反向恢复和击穿特性。阳极直径为1000 μm的β-Ga_2O_3 CT SBD在$\mathrm{d}i/\mathrm{d}t$ = 50 A/μs时获得了7.5 ns的超短反向恢复时间和1.0 nC的超低反向恢复电荷，实现的400 V击穿电压相较于常规结构提高176%，且具有良好的整流特性。在300 ～ 500 K的温度范围内，研制的β-Ga_2O_3 CT SBD样品的正向导通和反向恢复特性表现出良好的热耐受性，短时间的高温不会影响其正向导通和反向恢复性能，在一定长时间的电热应力后器件性能几乎不发生退化。所研制的β-Ga_2O_3 CT SBD在高功率和高频应用方面具有很大的潜力。

2. **大功率氧化镓二极管机理与可靠性实验研究**

我们提出大功率β-Ga_2O_3器件的高耐压设计技术，研制具有β-Ga_2O_3/NiO异质结的新型JBSD，以及具有表面电荷调控能力的RESURF SBD。所制备的大功率JBSD和RESURF SBD样品在实现高耐压、大电流的同时兼具低反向泄漏电流。长时间应力测试结果展示出其优良的热稳定性，说明了β-Ga_2O_3功率二极管在高温条件下工作的巨大潜力。进一步研制具有更大功率的氧化镓功率二极管，测试其电学性能并进行更多关于温度稳定性的实验研究。

提出并研制了阳极接触面积为9 mm^2和16 mm^2的基于NiO/β-Ga_2O_3异质结技术的FP JBSD实验样品，其大尺寸可以实现超高输出电流，且JBSD能够结合SBD正向导通电压小和PN结二极管反向耐压能力强的优点并实现低反向泄漏电流，此外也采用金属场板进一步改善耐压。在阳极接触面积为9 mm^2和16 mm^2的情况下，制备的FP JBSD的BV分别为550 V和500 V，$R_{on,sp}$分别为11 mΩ·cm^2和15 mΩ·cm^2，当施加的正向偏压达到10 V时的输出电流分别高达65 A和88 A。以16 mm^2的FP JBSD样品进行长期高温应力测试，应力前后的*C*-*V*和正向*I*-*V*曲线基本重合，且*BV*相同。由此说明，制备的大功率FP JBSD具有良好的电性能和热可靠性，显示出其可作为高功率和高温应用的候选。

提出具有热氧化区域和SiO_2槽型终端实现RESURF效应的β-Ga_2O_3 SBD，研制出阳极接触面积为4 mm^2的RESURF SBD。一方面，热氧化区域减少漂移区净载流子浓度，调制电场分布并减小表面峰值电场，从而抑制反向泄漏电流并提高器件耐压；另一方面，SiO_2槽型终端减少阳极区域外的电荷且推动耗尽区向体内扩展，减小阳极边缘的表面电场峰值，从而进一步改善击穿特性。器件样品具有600 V的耐压级别，反向泄漏电流小于10 μA，正向偏压3 V时的输出电流可以达到7 A。在施加热应力为400 K、425 K和450 K、应力时间均为168小时的HTS应力后，样品的正向*I*-*V*曲线的正向偏移量小于2%，导通电阻几乎不变，开启电压仅增加0.05 V；器件仍展现出600 V的耐压级别，且反向泄漏电流随反向偏置平稳增加而没有出现突变；提取的T_{π}和Q_{π}值的波动小于5%。实验结果表明，RESURF SBD具有良好的电学特性和热稳定性，具有在高温条件下工作的潜力。

3. 具有鳍型结构的低功耗氧化镓功率器件机理与仿真研究

我们提出实现低功耗β-Ga_2O_3 Fin功率器件的新设计理念，基于此又提出FOCF二极管和RC-FinFET两类具有Fin结构的新型氧化镓器件，并对新结构进行仿真研究及参数优化设计。

提出并仿真研究具有低开启电压的FOCF二极管，结构特征为Fin沟道结合欧姆接触阳极和Al_2O_3/SiN_X阶梯场板。创新性工作机理为：零偏置下，阳极金属与β-Ga_2O_3的功函数差夹断Fin沟道从而实现器件关断并抑制反向泄漏电流，这就允许用欧姆接触阳极取代肖特基接触阳极，且相较于肖特基接触具有更好的温度稳定性；从而当正向偏压V_F逐渐增大以使耗尽区向两侧收缩至Fin沟道中心出现中性导电区，器件在极低开启电压V_{on}下开始导通；随着V_F进一步增加，Fin沟道侧壁形成电子积累层，进一步提高电流能力；在反向偏置下，Al_2O_3和SiN_X双介质层组成阶梯场板以调制电场分布，从而进一步提高BV。经过仿真优化设计，所提出的FOCF二极管实现低V_{on} = 0.45 V和高BV = 2204 V，且功率优值PFOM高达1.47 GW/cm^2。该结构为高功率低损耗β-Ga_2O_3二极管提供了一种新的设计理念。

提出并仿真研究兼具低反向导通电压和高阈值电压的RC-FinFET，其结构特征为FinFET集成无结二极管FD。创新性工作机理为：在零偏状态下，金属与β-Ga_2O_3之间的功函数差夹断两个Fin沟道，从而实现常关的增强型器件，且在正向阻断时RESURF效应可以有效调制电场分布并抑制反向泄漏电流，有助于提高BV；在正向偏置下，随V_{GS}逐渐增加以使FinFET部分的Fin沟道耗尽区向两侧收缩至Fin沟道中心形成导电路径，RC-FinFET在高阈值电压V_{th}下开始进入导通状态，随着V_{GS}进一步增大，FinFET部分的Fin沟道侧壁形成电子积累层以提高电流能力并降低导通电阻；在反向偏置下，随V_{SD}逐渐增加，FD部分的Fin沟道耗尽区向两侧收缩至形成导电路径，RC-FinFET在极低V_{on}下开始反向导通，同时FinFET部分由于更强的夹断效应（更高功函数差和更窄Fin沟道）而仍处于关断状态，随V_{SD}继续增大，FinFET部分也开始导通，此时FD部分的Fin沟道侧壁形成电子积累层，直到V_{SD}增大到两个Fin沟道侧壁都会形成电子积累层以进一步提高反向电流能力。因此，与无集成FD的常规C-FinFET相比，RC-FinFET大大降低了V_{on}，并显著增强了反向电流能力；此外，在正向阻断和导通状态下，FD均被关断而几乎不影响FinFET部分的阻断和导通特性，RC-FinFET的V_{on}和V_{th}分别取决于FD部分和FinFET部分，因此可以独立优化正反向导通特性，从而获得兼具低V_{on}和高V_{th}的增强型器件。经过仿真优化设计，RC-FinFET实现低V_{on} =0.45 V，高V_{th}=1.6 V，BV=2545 V，PFOM高达1.41 GW/cm^2；RC-FinFET在V_{th}和BV几乎与C-FinFET相同的情况下，V_{on}降低了71%。相较于外部反并联二极管或集成SBD以降低V_{on}的方法，功率转换系统的逆变电路应用中采用RC-FinFET可以实现低寄生参数、低功率损耗和高稳定性，增强其在高功率低损耗系统的应用潜力。

6.2 展望

本书从实验研制和机理仿真研究方面开展了一系列氧化镓功率器件新结构和特性研究，后续仍有一些工作还需要深入进行。

1. 针对大功率氧化镓器件性能受限于材料缺陷的问题，随着单晶和外延技术的进步，通过优化终端技术和采用缺陷更少的晶圆进一步开展实验研制，从而更加充分地发挥氧化镓材料性能优势。下一步工作目标是制备电压/电流关键指标达到1200 V / 10 A的大功率氧化镓二极管。拟从结构设计和实验制备两方面开展。在结构设计方面，基于之前的实验结果并结合仿真优化，设计磨角终端、倾斜场板与热氧化处理相结合的新型终端结构并优化关键参数。在实验制备方面，其一，高质量、低缺陷氧化镓单晶和外延材料是实现高性能器件的关键，后期计划进行实验研究以准确定位影响器件耐压的主要缺陷类型及形成机理，在制备之前进行处理以减少缺陷和界面态；其二，针对关键工艺进行攻关，优化工艺参数。综上，研制出1200V/10A的大功率氧化镓二极管，助力实现我国智能电网、汽车电子和光伏逆变等新一代电力电子系统先进核心元器件的性能提升和国产化。

2. 针对具有Fin结构的FOCF二极管和RC-FinFET开展实验研制，在已有仿真研究和优化设计的基础上，下一步工作目标是开展版图和工艺设计，验证不同工艺方案和条件对器件性能的影响并进行优化，从而研制器件样品。实现高性能FOCF二极管和RC-FinFET的关键在于突破高效/高精度/低损伤刻蚀技术、高质量/低阻欧姆接触制备技术和高质量介质/钝化层淀积技术等关键工艺。

高效/高精度/低损伤刻蚀技术：拟采用干法刻蚀与湿法修复相结合，先利用干法刻蚀保持高刻蚀效率，后采用湿法界面修复结合热退火处理，有效修复刻蚀引入的界面损伤，以获得低刻蚀界面态和Fin沟道高有效电子迁移率，提升器件电学性能与可靠性。

高质量/低阻欧姆接触制备技术：拟先进行Si离子注入，再优化干法与湿法相结合的表面修复技术，然后优化欧姆接触金属的结构体系和淀积工艺条件，以制备出高质量/低阻欧姆接触，有效降低FOCF二极管的开启电压、RC-FinFET的反向开启电压以及两类器件的导通电阻，从而实现低功耗。

高质量介质/钝化层淀积技术：拟先采用ALD技术在Fin沟道侧壁以及漂移区表面淀积一层均匀的、高致密性的界面保护层，以实现良好的介质/氧化镓界面特性，在栅极金属形成后再采用PECVD技术淀积或增厚第二介质层，使器件实现高性能及高可靠性。

进一步地，为了验证氧化镓RC-FinFET的反向导通性能，基于封装后的氧化镓RC-FinFET搭建单相全桥逆变电路，如图6-1所示。通过比较逆变电路效率、开关频率和稳定性等验证氧化镓RC-FinFET的应用前景。

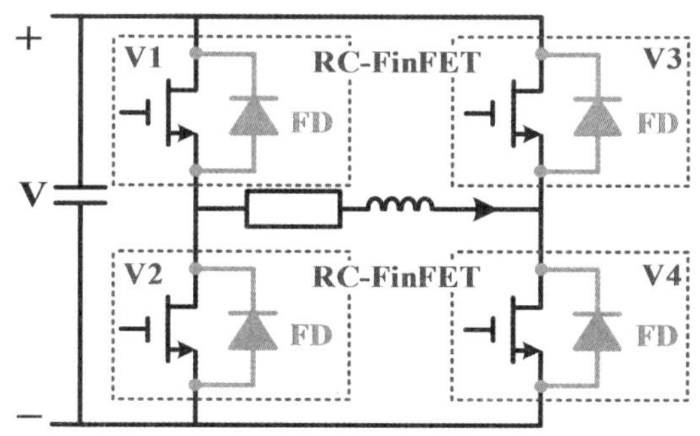

图6-1　RC-FinFET在单相全桥逆变电路的应用

参考文献

[1] PLAYFORD H, HANNON A, BARNEY E, et al. Structures of Uncharacterised Polymorphs of Gallium Oxide from Total Neutron Diffraction[J]. Chemistry, 2013, 19(8): 2803-2813.

[2] ROY R, HILL V G, OSBORN E F. Polymorphism of Ga_2O_3 and the system Ga_2O_3-H_2O[J]. Journal of the American Chemical Society, 1952, 74(3): 719-722.

[3] TIPPINS H H. Optical absorption and photoconductivity in the band edge of β-Ga_2O_3[J]. Physical Review, 1965, 140(1A): 316-319.

[4] ZHANG H, YUAN L, TANG X, et al. Progress of ultra-wide bandgap Ga_2O_3 semiconductor materials in power MOSFETs[J]. IEEE Transactions on Power Electronics, 2019, 35(5): 5157-5179.

[5] WONG M H, HIGASHIWAKI M. Vertical β-Ga_2O_3 power transistors: A review[J]. IEEE Transactions on Electron Devices, 2020, 67(10): 3925-3937.

[6] GREEN A J, SPECK J, XING G, et al. β-Gallium oxide power electronics[J]. APL Materials, 2022, 10(2): 029201.

[7] PEARTON S J, YANG J, CARY P H, et al. A review of Ga_2O_3 materials, processing, and devices[J]. Applied Physics Reviews, 2018, 5(1): 011301.

[8] MASTRO M A, KURAMATA A, CALKINS J, et al. Perspective—opportunities and future directions for Ga_2O_3 [J]. ECS Journal of Solid State Science and Technology, 2017, 6(5): P356-P359.

[9] QIAO R, ZHANG H, ZHAO S, et al. A state-of-art review on gallium oxide field-effect transistors[J]. Journal of Physics D: Applied Physics, 2022, 55(38): 383003.

[10] DONG H, XUE H, HE Q, et al. Progress of power field effect transistor based on ultra-wide bandgap Ga_2O_3 semiconductor material[J]. Journal of Semiconductors, 2019, 40(1): 011802.

[11] VASYLTSIV V I, RYM Y I, ZAKHARKO Y M. Optical absorption and photoconductivity at the band edge of β-$Ga_{2-x}In_xO_3$[J]. Physica Status Solidi b, 1996, 195(2): 653-658.

[12] GALAZKA Z, UECKER R, IRMSCHER K, et al. Czochralski growth and characterization of β-Ga_2O_3 single crystals[J]. Crystal Research and Technology, 2010, 45(12): 1229-1236.

[13] KURAMATA A, KOSHI K, WATANABE S, et al. High-quality β-Ga_2O_3 single crystals grown by edge-defined film-fed growth[J]. Japanese Journal of Applied Physics, 2016, 55(12): 1202A2.

[14] SUZUKI N, OHIRA S, TANAKA M, et al. Fabrication and characterization of transparent conductive Sn-doped β-Ga_2O_3 single crystal[J]. Physica Status Solidi c, 2007, 4(7): 2310-2313.

[15] SUZUKI K, OKAMOTO T, TAKATA M. Crystal growth of β-Ga_2O_3 by electric current heating method[J]. Ceramics international, 2004, 30(7): 1679-1683.

[16] YADAV M K, MONDAL A, DAS S, et al. Impact of annealing temperature on band-alignment of PLD grown Ga_2O_3/Si (100) heterointerface[J]. Journal of Alloys and Compounds, 2020, 819: 153052.

[17] TAKAYOSHI O, TAKEYA O, AND SHIZUO F. Ga_2O_3 thin film growth on c-plane sapphire substrates by molecular beam epitaxy for deep-ultraviolet photodetectors[J]. Japanese Journal of Applied Physics, 2007, 46(11): 7217-7220.

[18] OKUMURA H, KITA M, SASAKI K, et al. Systematic investigation of the growth rate of β-Ga_2O_3 (010) by plasma-assisted molecular beam epitaxy [J]. Applied Physics Express, 2014, 7(9): 095501.

[19] BALDINI M, ALBRECHT M, FIEDLER A, et al. Semiconducting Sn-doped β-Ga_2O_3 homoepitaxial layers grown by metal organic vapour-phase epitaxy [J]. Journal of Materials Science, 2016, 51(7): 3650-3656.

[20] NOMURA K, GOTO K, TOGASHI R, et al. Thermodynamic study of β-Ga_2O_3 growth by halide vapor phase epitaxy [J]. Journal of crystal growth, 2014, 405: 19-22.

[21] WATAHIKI T, YUDA Y, FURUKAWA A, et al. Heterojunction p-Cu_2O/n-Ga_2O_3 diode with high breakdown voltage [J]. Applied Physics Letters, 2017, 111 (22): 222104.

[22] ZHANG T, LI Y, Q. FENG, et al. Effects of growth pressure on the characteristics of the β-Ga_2O_3 thin films deposited on (0001) sapphire substrates [J]. Materials Science in Semiconductor Processing, 2021, 123(10): 105572.

[23] SASAKI K, HIGASHIWAKI M, KURAMATA A, et al. β-Ga_2O_3 Schottky barrier diodes fabricated by using single-crystal β-Ga_2O_3 (010) substrates [J]. IEEE Electron Device Letters, 2013, 34(4): 493-495.

[24] HIGASHIWAKI M, KONISHI K, SASAKI K, et al. Temperature-dependent capacitance-voltage and current-voltage characteristics of Pt/ Ga_2O_3 (001) Schottky barrier diodes fabricated on n-Ga_2O_3 drift layers grown by halide vapor phase epitaxy [J]. Applied Physics Letters, 2016, 108(13): 133503.

[25] KONISHI K, GOTO K, MURAKAMI H, et al. 1-kV vertical Ga_2O_3 field-plated Schottky barrier diodes [J]. Applied Physics Letters, 2017, 110(10): 103506.

[26] ALLEN N, XIAO M, YAN X, et al. Vertical Ga_2O_3 Schottky barrier diodes with small-angle beveled field plates: A Baliga's figure-of-merit of 0.6 GW/cm^2 [J].

IEEE Electron Device Letters, 2019, 40(9): 1399-1402.

[27] ROY S, BHATTACHARYYA A, RANGA P, et al. High-k oxide field-plated vertical (001) β-Ga_2O_3 Schottky barrier diode with Baliga's figure of merit over 1 GW/cm^2[J]. IEEE Electron Device Letters, 2021, 42(8): 1140-1143.

[28] HIGASHIWAKI M, SASAKI K, KURAMATA A, et al. Gallium oxide (Ga_2O_3) metal-semiconductor field-effect transistors on single-crystal β-Ga_2O_3 (010) substrates[J]. Applied Physics Letters, 2012, 100(1): 013504.

[29] HIGASHIWAKI M, SASAKI K, KAMIMURA T, et al. Depletion-mode Ga_2O_3 metal-oxide-semiconductor field-effect transistors on β-Ga_2O_3 (010) substrates and temperature dependence of their device characteristics[J]. Applied Physics Letters, 2013, 103(12): 123511.

[30] HIGASHIWAKI M, MURAKAMI H, KUMAGAI Y, et al. Current status of Ga_2O_3 power devices[J]. Japanese Journal of Applied Physics, 2016, 55(12): 1202A1.

[31] GREEN A J, CHABAK K D, HELLER E R, et al. 3.8-MV/cm Breakdown Strength of MOVPE-Grown Sn-Doped β-Ga_2O_3 MOSFETs[J]. IEEE Electron Device Letters, 2016, 37(7): 902-905.

[32] TETZNER K, TREIDEL E B, HILT O, et al. Lateral 1.8 kV β-Ga_2O_3 MOSFET With 155 MW/cm^2 Power Figure of Merit[J]. IEEE Electron Device Letters, 2019, 40(9): 1503-1506.

[33] WONG M H, MURAKAMI H, KUMAGAI Y, et al. Enhancement-Mode β-Ga_2O_3 current aperture vertical MOSFETs with N-Ion-Implanted blocker[J]. IEEE Electron Device Letters, 2019, 41(2): 296-299.

[34] SHARMA S, ZENG K, SAHA S, et al. Field-plated lateral Ga_2O_3 MOSFETs with polymer passivation and 8.03 kV breakdown voltage[J]. IEEE Electron Device Letters, 2020, 41(6): 836-839.

[35] SHARMA S, MENG L, BHUIYAN A F M A U, et al. Vacuum annealed β-Ga_2O_3 recess channel MOSFETs with 8.56 kV breakdown voltage[J]. IEEE Electron De-

vice Letters, 2022, 43(12): 2029-2032.

[36] SASAKI K, WAKIMOTO D, THIEU Q T, et al. First demonstration of Ga_2O_3 trench MOS-type Schottky barrier diodes[J]. IEEE Electron Device Letters, 2017, 38(6): 783-785.

[37] HU Z, NOMOTO K, LI W, et al. Enhancement-mode Ga_2O_3 vertical transistors with breakdown voltage > 1 kV[J]. IEEE Electron Device Letters, 2018, 39(6): 869-872.

[38] LI W, HU Z, NOMOTO K, et al. 2.44 kV Ga_2O_3 vertical trench Schottky barrier diodes with very low reverse leakage current[C]. 2018 IEEE International Electron Devices Meeting (IEDM), San Francisco, CA, 2018: 193-196.

[39] LI W, NOMOTO K, HU Z, et al. Field-Plated Ga_2O_3 trench Schottky barrier diodes with a $BV^2/R_{on,sp}$ of up to 0.95 GW/cm^2[J]. IEEE Electron Device Letters, 2019, 41(1): 107-110.

[40] BHATTACHARYYA A, ROY S, RANGA P, et al. High-Mobility tri-Gate β-Ga_2O_3 MESFETs with a power figure of merit over 0.9 GW/cm^2[J]. IEEE Electron Device Letters, 2022, 43(10): 1637-1640.

[41] ROY S, BHATTACHARYYA A, PETERSON C, et al. β-Ga_2O_3 lateral high-permittivity dielectric superjunction Schottky barrier diode with 1.34 GW/cm^2 power figure of merit[J]. IEEE Electron Device Letters, 2022, 43(12): 2037-2040.

[42] WONG M H, SASAKI K, KURAMATA A, et al. Field-Plated Ga_2O_3 MOSFETs with a breakdown voltage of over 750 V[J]. IEEE Electron Device Letters, 2016, 37(2): 212-215.

[43] MA J, LEE O, YOO G. Abnormal bias-temperature stress and thermal instability of β-Ga_2O_3 nanomembrane field-effect transistor[J]. IEEE Journal of the Electron Devices Society, 2018, 6: 1124-1128.

[44] ISLAM Z, XIAN M, HAQUE A, et al. In Situ Observation of β-Ga_2O_3 Schottky diode failure under forward biasing condition[J]. IEEE Transactions on Electron Devices, 2020, 67(8): 3056-3061.

[45] FABRIS E, DE SANTI C, CARIA A, et al. Trapping and detrapping mechanisms in β-Ga_2O_3 vertical FinFETs investigated by electro-optical measurements[J]. IEEE Transactions on Electron Devices, 2020, 67(10): 3954-3959.

[46] MOULE T, DALCANALE S, KUMAR A S, et al. Breakdown mechanisms in β-Ga_2O_3 trench-MOS Schottky-Barrier diodes [J]. IEEE Transactions on Electron Devices, 2022, 69(1): 75-81.

[47] ZHOU H, YAN Q, ZHANG J, et al. High-Performance vertical β-Ga_2O_3 Schottky barrier diode with implanted edge termination[J]. IEEE Electron Device Letters, 2019, 40(11): 1788-1791.

[48] WEI Y, LUO X, WANG Y, et al. Experimental study on static and dynamic characteristics of Ga_2O_3 Schottky barrier diodes with compound termination[J]. IEEE Transactions on Power Electronics, 2021, 36(10): 10976-10980.

[49] WANG Y, GONG H, LV Y, et al. 2.41 kV vertical P-NiO/n-Ga_2O_3 heterojunction diodes with a record Baliga's figure-of-merit of 5.18 GW/cm^2[J]. IEEE Transactions on Power Electronics, 2021, 37(4): 3743-3746.

[50] WEI J, WEI Y, LU J, et al. Experimental study on electrical characteristics of large-size vertical β-Ga_2O_3 junction barrier Schottky diodes[C]. 2022 IEEE 34th International Symposium on Power Semiconductor Devices and ICs (ISPSD), Vancouver, CANADA, 2022: 97-100.

[51] ZHANG J, DONG P, DANG K, et al. Ultra-wide bandgap semiconductor Ga_2O_3 power diodes[J]. Nature communications, 2022, 13(1): 3900.

[52] ZHOU F, GONG H, XIAO M, et al. An avalanche-and-surge robust ultra-wide-bandgap heterojunction for power electronics[J]. Nature Communications,

2023,14(1): 4459.

[53] LV Y, MO J, SONG X, et al. Influence of gate recess on the electronic characteristics of β-Ga_2O_3 MOSFETs [J]. Superlattices and Microstructures, 2018, 117: 132-136.

[54] LV Y, ZHOU X, LONG S, et al. Source-Field-Plated β-Ga_2O_3 MOSFET with record power figure of merit of 50.4 MW/cm^2 [J]. IEEE Electron Device Letters, 2018, 40(1): 83-86.

[55] DONG H, LONG S, SUN H, et al. Fast switching β-Ga_2O_3 power MOSFET with a trench-gate structure [J]. IEEE Electron Device Letters, 2019, 40(9): 1385-1388.

[56] LV Y, LIU H, ZHOU X, et al. Lateral β-Ga_2O_3 MOSFETs with high power figure of merit of 277 MW/cm^2[J]. IEEE Electron Device Letters, 2020, 41(4): 537-540.

[57] WANG C, GONG H, LEI W, et al. Demonstration of the p-NiO_x /n- Ga_2O_3 heterojunction gate FETs and diodes with $BV^2/R_{on,sp}$ figures of merit of 0.39 GW/cm^2 and 1.38 GW/cm^2[J]. IEEE Electron Device Letters, 2021, 42(4): 485-488.

[58] ZHOU X, LIU Q, HAO W, et al. Normally-off β-Ga_2O_3 power heterojunction field-effect-transistor realized by p-NiO and recessed gate [C]. 2022 IEEE 34th International Symposium on Power Semiconductor Devices and ICs (ISPSD), Vancouver, CANADA, 2022: 101-104.

[59] ZHOU X, MA Y, XU G, et al. Enhancement-mode β-Ga_2O_3 U-shaped gate trench vertical MOSFET realized by oxygen annealing [J]. Applied Physics Letters, 2022, 121(22): 223501.

[60] MA Y, ZHOU X, TANG W, et al. 702.3 $A \cdot cm^{-2}/10.4\ m\Omega \cdot cm^2$ β-Ga_2O_3 U-Shape trench gate MOSFET with N-Ion Implantation [J]. IEEE Electron Device Letters, 2023, 44(3): 384-387.

[61] JIANG Z, WEI J, LV Y, et al. Nonuniform mechanism for positive and negative bias stress instability in β-Ga_2O_3 MOSFET[J]. IEEE Transactions on Electron Devic-

es, 2022, 69(10): 5509-5515.

[62] JIANG Z, WEI Y, LV Y, et al. Experimental investigation on threshold voltage instability for β-Ga_2O_3 MOSFET under electrical and thermal stress[J]. IEEE Transactions on Electron Devices, 2022, 69(9): 5048-5054.

[63] LIU C, WANG Y, XU W, et al. Unique bias stress instability of heterogeneous Ga_2O_3-on-SiC MOSFET [J]. IEEE Electron Device Letters, 2023, 44 (8): 1256-1259.

[64] ZHOU X, LIU Q, XU G, et al. Realizing high-performance β-Ga_2O_3 MOSFET by using variation of lateral doping: a TCAD study[J]. IEEE Transactions on Electron Devices, 2021, 68(4): 1501-1506.

[65] LI Z, WANG Q, FENG C, et al. Simulation study of performance degradation in β-Ga_2O_3 (001) vertical Schottky barrier diodes based on anisotropic mobility modeling [J]. ECS Journal of Solid State Science and Technology, 2021, 10 (5): 055005.

[66] PARK J, HONG S M. Simulation study of enhancement mode multi-gate vertical gallium oxide MOSFETs[J]. ECS Journal of Solid State Science and Technology, 2019, 8(7): Q3116.

[67] AKYOL F. Simulation of β-Ga_2O_3 vertical Schottky diode based photodetectors revealing average hole mobility of 20 $cm^2V^{-1}S^{-1}$[J]. Journal of Applied Physics, 2020, 127(7): 074501.

[68] PEARTON S J, REN F, TADJER M, et al. Perspective: Ga_2O_3 for ultra-high power rectifiers and MOSFETS[J]. Journal of Applied Physics, 2018, 124(22): 220901.

[69] LI R, LIU Z, ROHSKOPF A, et al. A deep neural network interatomic potential for studying thermal conductivity of β-Ga_2O_3[J]. Applied Physics Letters, 2020, 117 (15): 152102.

[70] BLUMENSCHEIN N, KADLEC C, ROMANYUK O, et al. Dielectric and conducting properties of unintentionally and Sn-doped β-Ga_2O_3 studied by terahertz spec-

troscopy[J]. Journal of Applied Physics, 2020, 127(16): 165702.

[71] WEI Y, WEI J, ZHU P, et al. Low loss lateral insulated gate bipolar transistor with an anode PNP structure and integrated freewheeling diode[C]. 2023 35th International Symposium on Power Semiconductor Devices and ICs (ISPSD), Hong Kong, 2023: 262-265.

[72] QIAO M, ZHANG X, WEN S, et al. A review of HVI technology[J]. Microelectronics Reliability, 2014, 54(12): 2704-2716.

[73] KIMOTO T. High-voltage SiC power devices for improved energy efficiency[J]. Proceedings of the Japan Academy, Series B, 2022, 98(4): 161-189.

[74] WU F, WANG Y, JIAN G, et al. Superior performance β-Ga_2O_3 junction barrier Schottky diodes implementing p-NiO heterojunction and beveled field plate for hybrid cockcroft-walton voltage multiplier[J]. IEEE Transactions on Electron Devices, 2023, 70(3): 1199-1205.

[75] WONG M H, SASAKI K, KURAMATA A, et al. Field-plated Ga_2O_3 MOSFETs with a breakdown voltage of over 750 V[J]. IEEE Electron Device Letters, 2015, 37(2): 212-215.

[76] ZENG K, VAIDYA A, SINGISETTI U. 1.85 kV breakdown voltage in lateral field-plated Ga_2O_3 MOSFETs[J]. IEEE Electron Device Letters, 2018, 39(9): 1385-1388.

[77] MUN J K, CHO K, CHANG W, et al. 2.32 kV breakdown voltage lateral β-Ga_2O_3 MOSFETs with source-connected field plate[J]. ECS Journal of Solid State Science and Technology, 2019, 8(7): Q3079.

[78] LI W, NOMOTO K, HU Z, et al. ON-resistance of Ga_2O_3 trench-MOS Schottky barrier diodes: role of sidewall interface trapping[J]. IEEE Transactions on Electron Devices, 2021, 68(5): 2420-2426.

[78] LI W, NOMOTO K, HU Z, et al. Guiding principles for trench Schottky barrier di-

odes based on ultrawide bandgap semiconductors: a case study in Ga_2O_3[J]. IEEE Transactions on Electron Devices, 2020, 67(10): 3938-3947.

[80] LI W, SARASWAT D, LONG Y, et al. Near-ideal reverse leakage current and practical maximum electric field in β-Ga_2O_3 Schottky barrier diodes[J]. Applied Physics Letters, 2020, 116(19).

[81] LV Y, WANG Y, FU X, et al. Demonstration of β-Ga_2O_3 junction barrier Schottky diodes with a Baliga's figure of merit of 0.85 GW/cm^2 or 5 A/700 V handling capabilities[J]. IEEE Transactions on Power Electronics, 2020, 36(6): 6179-6182.

[82] KARJALAINEN A, MAKKONEN I, ETULA J, et al. Split Ga vacancies in n-type and semi-insulating β-Ga_2O_3 single crystals[J]. Applied Physics Letters, 2021, 118 (7): 072104.

[83] HUANG C Y, HORNG R H, WUU D S, et al. Thermal annealing effect on material characterizations of β-Ga_2O_3 epilayer grown by metal organic chemical vapor deposition[J]. Applied Physics Letters, 2013, 102(1): 011119.

[84] HAJNAL Z, MIRÓ J, KISS G, et al. Role of oxygen vacancy defect states in the n-type conduction of β-Ga_2O_3 [J]. Journal of Applied Physics, 1999, 86 (7): 3792-3796.

[85] OSHIMA T, KAMINAGA K, MUKAI A, et al. Formation of semi-insulating layers on semiconducting β-Ga_2O_3 single crystals by thermal oxidation[J]. Japanese Journal of Applied Physics, 2013, 52(5R): 051101.

[86] JI M, TAYLOR N R, KRAVCHENKO I, et al. Demonstration of large-size vertical Ga_2O_3 Schottky barrier diodes[J]. IEEE Transactions on Power Electronics, 2020, 36(1): 41-44.

[87] LU X, ZHANG X, JIANG H, et al. Vertical β-Ga_2O_3 Schottky barrier diodes with enhanced breakdown voltage and high switching performance[J]. Physica Status

Solidi (a),2020,217(3): 1900497.

[88] TAKATSUKA A, SASAKI K, WAKIMOTO D, et al. Fast recovery performance of β-Ga_2O_3 trench MOS Schottky barrier diodes[C]. 2018 76th Device Research Conference (DRC), Santa Barbara, CA, 2018: 1-2.

[89] YANG J, REN F, CHEN Y T, et al. Dynamic switching characteristics of 1 A forward current β-Ga_2O_3 rectifiers[J]. IEEE Journal of the Electron Devices Society, 2018, 7: 57-61.

[90] STMicroelectronics. STPSC406[OL]. 1-8 (2009-09)[2023-09-26]. https://pdf1.alldatasheet.com/datasheet-pdf/view/346224/STMICROELECTRONICS/STPSC406.html.

[91] Micro Commercial Components. SF36 [OL]. 1-4 (2011-01-01) [2023-09-26]. https://pdf1.alldatasheet.com/datasheet-pdf/view/433235/MCC/SF36.html.

[92] HAN S, YANG S, LI R, et al. Current-collapse-free and fast reverse recovery performance in vertical GaN-on-GaN Schottky barrier diode[J]. IEEE Transactions on Power Electronics, 2018, 34(6): 5012-5018.

[93] HSUEH K P, CHIU H C, WANG H C, et al. The demonstration of recessed anodes AlGaN/GaN Schottky barrier diodes using microwave cyclic plasma oxidation/wet etching techniques[J]. Japanese Journal of Applied Physics, 2019, 58(7): 071002.

[94] LEE J H, PARK C, IM K S, et al. AlGaN/GaN-based lateral-type Schottky barrier diode with very low reverse recovery charge at high temperature[J]. IEEE transactions on electron devices, 2013, 60(10): 3032-3039.

[95] GONG H, ZHOU F, XU W, et al. 1.37 kV/12 A NiO/β-Ga_2O_3 heterojunction diode with nanosecond reverse recovery and rugged surge-current capability [J]. IEEE Transactions on Power Electronics, 2021, 36(11): 12213-12217.

[96] KANEKO K, FUJITA S, HITORA T. A power device material of corundum-structured α-Ga_2O_3 fabricated by MIST EPITAXY® technique[J]. Japanese Journal of

Applied Physics, 2018, 57(2S2): 02CB18.

[97] Micro Commercial Components. HER306[OL]. 1-2 (2015-08-13)[2023- 09-26]. https://pdf1.alldatasheet.com/datasheet-pdf/view/74147/MCC/HER306.html.

[98] WOLFSPEED, INC. CSD01060A[OL]. 1-9 (2023-03-18)[2023-09-26]. https://pdf1.alldatasheet.com/datasheet-pdf/view/1673244/WOLFSPEED/CSD01060A.html.

[99] JANOWITZ C, SCHERER V, MOHAMED M, et al. Experimental electronic structure of In_2O_3 and Ga_2O_3[J]. New Journal of Physics, 2011, 13: 085014.

[100] HUA G, LI D. Generic relation between the electron work function and Young's modulus of metals[J]. Applied Physics Letters, 2011, 99(4): 041907.

[101] WANG Y, LV Y, LONG S, et al. High-voltage ($\bar{2}01$)β-Ga2O3 vertical Schottky barrier diode with thermally-oxidized termination[J]. IEEE Electron Device Letters, 2019, 41(1): 131-134.

[102] WANG Y G, LV Y J, DUN S B, et al. High performance β-Ga_2O_3 vertical Schottky barrier diodes[C]. 2020 17th China International Forum on Solid State Lighting & 2020 International Forum on Wide Bandgap Semiconductors China (SSLChina: IFWS), Shen Zhen, China, 2020: 224-227.

[103] LIN C H, YUDA Y, WONG M H, et al. Vertical Ga_2O_3 Schottky barrier diodes with guard ring formed by nitrogen-ion implantation[J]. IEEE Electron Device Letters, 2019, 40(9): 1487-1490.

[104] HU Z, LV Y, ZHAO C, et al. Beveled fluoride plasma treatment for vertical β-Ga_2O_3 Schottky barrier diode with high reverse blocking voltage and low turn-on voltage[J]. IEEE Electron Device Letters, 2020, 41(3): 441-444.

[105] WANG Y G, LV Y J, ZHOU X Y, et al. High performance (001)β-Ga_2O_3 Schottky barrier diode[C]. 2018 15th China International Forum on Solid State Light-

ing: International Forum on Wide Bandgap Semiconductors China (SSLChina: IFWS), Shen Zhen, China, 2018: 1-2.

[106] YANG J, AHN S, REN F, et al. High reverse breakdown voltage Schottky rectifiers without edge termination on Ga_2O_3[J]. Applied Physics Letters, 2017, 110 (19): 192101.

[107] CAREY P H, YANG J, REN F, et al. Comparison of dual-stack dielectric field plates on β-Ga_2O_3 Schottky rectifiers[J]. ECS Journal of Solid State Science and Technology, 2019, 8(7): Q3221.